中国工程科技论坛

# 心血管创新医疗器械

XINXUEGUAN CHUANGXIN YILIAO QIXIE

高等教育出版社·北京

## 内容提要

由中国工程院、中国医学科学院主办，国家心血管病中心、中国医学科学院阜外医院、国家生物材料工程技术研究中心承办的“心创新，心融合，心未来”中国工程科技论坛——心血管创新医疗器械论坛于 2018 年 11 月 23 日在北京举行。 来自全国各地众多在心血管创新医疗器械领域非常知名的专家学者，包括中国工程院院士、中国科学院院士、临床医生，以及生物材料与生物医学工程领域的科学家和企业家参加了此次论坛。 专家的精彩演讲报告，从各自专业的角度分析和阐述了现阶段国内、国际在心血管领域创新医疗器械的方向和未来的前景。 本书汇聚了参会专家学者的前沿学术研究成果。

本书不仅适合企业、高校、医院甚至投资机构的专业人员和学生阅读，增加其对该领域的了解与宏观认识；同时也可为政府制定科技与产业政策提供前瞻性的参考。

**图书在版编目(CIP)数据**

心血管创新医疗器械 / 中国工程院编著.--北京：高等教育出版社，2020.5
(中国工程科技论坛)
ISBN 978-7-04-053984-4

Ⅰ. ①心… Ⅱ. ①中… Ⅲ. ①心脏血管疾病-医疗器械 Ⅳ. ①TH789

中国版本图书馆 CIP 数据核字(2020)第 060108 号

**总 策 划　樊代明**

策划编辑　朱丽虹　　责任编辑　朱丽虹　　封面设计　顾　斌
版式设计　张　杰　　责任校对　吕红颖　　责任印制　田　甜

出版发行　高等教育出版社
社　　址　北京市西城区德外大街 4 号
邮政编码　100120
印　　刷　三河市吉祥印务有限公司
开　　本　787mm×1092mm　1/16
印　　张　8.5
字　　数　150 千字
购书热线　010-58581118
咨询电话　400-810-0598
网　　址　http://www.hep.edu.cn
　　　　　http://www.hep.com.cn
网上订购　http://www.hepmall.com.cn
　　　　　http://www.hepmall.com
　　　　　http://www.hepmall.cn
版　　次　2020 年 5 月第 1 版
印　　次　2020 年 5 月第 1 次印刷
定　　价　60.00 元


物 料 号　53984-00

# 目　　录

## 第一部分　综　　述



## 第二部分　主 题 报 告

# 第一部分

## 综　　述

# 综　述

由中国工程院、中国医学科学院主办，国家心血管病中心、中国医学科学院阜外医院、国家生物材料工程技术研究中心承办的“心创新，心融合，心未来”第272场中国工程科技论坛——心血管创新医疗器械论坛于2018年11月23日在北京中国科技会堂举行。本次论坛由中国工程院医药卫生学部胡盛寿院士，化工、冶金与材料工程学部张兴栋院士共同担任大会主席。中国科学院葛均波院士、中国工程院顾晓松院士、北京积水潭医院田伟院长、中国科学院分子影像重点实验室田捷主任等国内著名专家学者以及来自全国的数百名心血管业界同道参加了会议（图1、2）。与会期间专家们就创新医疗器械、人工心脏、可降解支架、人工智能、大数据等热点问题做了大会报告。

**图1　出席论坛的主要院士专家**

医疗器械的创新与应用，不仅仅是医生或者科研人员单一群体的工作，只有各方面的专家学者共同努力，才能更有效地完成科研工作。本次论坛旨在更好地促进创新医疗器械研发中的多学科交叉，打通临床与工程之间的墙壁，为促进医工交流探索出一条新道路。

本次论坛由中国医学科学院医学信息研究所所长池慧女士主持，并邀请到了国家食品药品监督管理总局副局长徐景和先生和中国工程院院士、中国工程院医药卫生学部主任张伯礼先生出席并致开幕词（图3）。

大会主席、国家心血管病中心主任、中国工程院胡盛寿院士以“心血管医疗器械创新与监管评价”发表主题演讲（图4）。胡院士首先介绍了心血管疾病的治疗，包括冠脉搭桥手术、冠心病介入治疗，以及瓣膜病、先心病、大血管疾病等几类疾病治疗技术的进展，接着介绍了中外医疗器械审批制度流程的对比。最后总结到，在国家“创新驱动”发展战略指导下，新药、新器械、智能工具产品层出

图 2　大会现场

图 3　开幕致辞

图 4　胡盛寿院士

不穷，合理审批、科学监管面临巨大挑战，为了避免“疫苗”事件的悲剧重演，需要做好顶层设计，完善“监管科学体系”，以及加强从研发到监管各环节、各层面的“能力建设”。

大会主席、中国工程院张兴栋院士为大家讲解了“心血管修复材料及器械现状与发展”（图 5）。张院士从血管支架、结构性心脏病治疗器械、心率管理器械、电生理器械等几个方面分析了心血管医疗器械的现状和研发热点。他指出：当今单心脏瓣膜国内市场规模已达到 5 亿元，国产率达到 15%～20%，其中心脏瓣膜抗钙化技术、预装干燥瓣膜技术、仿瓣周漏技术、代替戊二醛新型交联技术、新鲜心包膜干化保存等技术都在不断地改进和完善。未来随着先进科学技术和再生医学的进展，我们可以让材料刺激机体发生特定反应，调动机体自身修复和完善相应功能，使人体组织和器官再生。这其中可刺激心血管系统组织再生的生物材料设计及制备方法学、组织诱导性生物材料、组织工程、药物及生物活性新物质的载体和系统都是未来的研究重点。最后张院士强调，须加强医工结合，才能推进中国心血管材料和植入器械、治疗技术跨入国际领先水平。

**图 5　张兴栋院士**

心血管介入器械是当前医疗器械创新最活跃的领域，我国政、产、医、研、资各方合理推动了其快速发展。中国科学院院士、中华医学会心血管病学分会前主任委员葛均波院士在会上分享了“心血管介入治疗的新突破”的报告（图 6）。葛院士指出：中国医疗器械发展迅速，潜力巨大，但部分高端医疗器械仍几乎完全依赖国外产品，国产心血管介入器械的机遇和挑战并存。目前国内在可降解支架、药物球囊、腔内影像学、左心耳封堵器、肾交感消融等领域已经达到国际领先或与国外同步的水准。葛院士详细介绍了中国完全可降解支架的创新进展及国内第一例 Xinsorb 植入后的 5 年随访结果，以及中国在药物球囊、经导管主动脉瓣置换术（TAVR）、二尖瓣修复等领域的创新。在过去 20 年中，我们始终能够研制与进口产品性能及安全性相仿的产品，目前，我们正处于有改进的创新向原始创新加速的重要转折点，建立完善

**图 6　葛均波院士**

的创新平台,对于我国心血管创新的"质变"至关重要。最后葛院士总结到,唯有创新才是我国心血管乃至整个医学不断发展的源动力,以 CCI 为代表的"医生为核心"的创新平台,将加速我国心血管创新,实现弯道超越,中国制造将成为"中国智造"。

中国工程院院士顾晓松教授分享了"组织工程创新与产业发展"的报告(图 7)。顾院士介绍了组织工程构建的关键技术与核心技术,包括材料对机体的影响、机体对材料的应答等多个方面的内容,以及组织工程领域的机遇与挑战。顾院士表示:健康与高质量的生活是人类共同的诉求与福祉,需要全球的科学家、工程技术人员、企业家、社会精英与领袖们的共同努力,协作创新,推动全球组织工程与再生医学的创新和发展。

**图 7 顾晓松院士**

医院总是医疗创新、医疗器械创新的前沿阵地。在论坛上北京积水潭医院院长田伟,就"创新引领医院建设"做了报告(图 8)。田伟院长指出:目前医院科研创新存在以下几个问题:资助创新缺少统筹、协作,很多科室依靠自身进行独立创新,临床科室之间、区域卫生组织之间、社会优势资源之间缺乏沟通与共享,导致科学研究、技术开发和临床应用存在脱节问题。大部分医院还都停留在模仿创新阶段,缺乏原创,技术创新模式还是以引进和消化吸收先进的诊疗技术为主,并且还存在着不注重知识产权保护,不注重创新成果的转化和应用等问题。医学创新要利用好社会资源,联合社会力量,聚集社会人才,多学科交叉,多技术融合,多中心合作,搭建创新平台。只有自己走出去,专家请进来,以临床为中心,以患者需求为导向,以解决疑难问题和复杂疾病为任务,组建方向性研究团队才能推动医学创新发展。最后,田伟院长总结:要做到管理创新、服务创新、技术创新,并开展形式多样的创新培训,落实创新激励与支撑措施,加强横向合作,让医工企三方共同参与、联合转化,才能让医院的医疗创新工作更有成效。

**图 8 田伟教授**

大数据和人工智能在各行各业广泛应用,在医学领域亦是如此。本次论坛上，浙江大学求是特聘教授孔德兴，分享了“数据智能、数理医学及其在肿瘤精准诊疗中的应用”的报告（图 9）。孔教授简单地介绍了大数据、医学大数据的概念，以及人工智能在医学影像、病例分析、风险预测、辅助诊疗、精准手术、药物挖掘、健康管理等多方面的应用。通过大数据和人工智能的分析研究并最终应用于临床，可以显著提高治疗的精准性；通过可视化分析扩大消融等手术的适应证并降低并发症的发生率，实现治疗的可预知性和可调控性，并在降低治疗费用、医生教学培训等方面有着显著的现实意义。

**图 9　孔德兴教授**

医疗器械从研发试验到最终投入应用，自然离不开监管部门的工作。在论坛上国家食品药品监督管理总局医疗器械注册管理司江德元专员，分享了“创新医疗器械审评审批改革进展及展望”的报告（图 10）。江专员介绍了目前医疗器械审评审批的基本情况，以及审评审批制度的改革进展。他指出：这其中，一是要落实健康中国战略，开展创新优先特别审批。二是深化审评审批制度改革，提高审评审批效能，研究推动医疗器械注册管理规章及规范性文件的修订工作。简化优化行政审批流程，提升审批效率，加强临床评价研究，扩大免临床产品范围。三是夯实医疗器械管理基础，助力医疗器械产业创新。四是加强监管与产学研医的合作，使前瞻性政策研究不断深入。最后江专员总结到：有关部门，会守住安全底线，保障公众用药用械安全，维护公众健康，同时促进创新发展高线，满足人民对优质先进医疗器械的需要，持续完善医疗器械的注册管理体系，持续加强与产学研医的沟通交流，聚焦创新，共谋发展，加快科学成果转化，造福人民。

**图 10　江德元专员**

论坛上中国医学科学院阜外医院再生医学重点实验室副主任周建业教授，介绍了人工心脏的发展历程（图 11）。人工心脏是将电能转化为动能，推动血液流动，全部或部分代替心脏泵出血液的器械，血液在心脏中单向流动，当心衰发生时，左心室无力泵出全部血液，通过心室辅助装置（VAD）建立旁路的方式把血液从心室跨瓣膜泵到动脉,达到辅助循环的效果。人工心脏植入可获得移植前过渡的支持,逆转心脏重构以及终生治疗的目的。近 30 年来人工心脏得到快速发展,经过搏动血流技术、连续血流机械轴承技术、连续血流磁悬浮轴承技术的几代发展,临床应用结果表明:辅助泵治疗的效果优于药物治疗,连续流泵优于搏动流泵。数据显示目前 VAD 植入后一年生存率为 82%,两年生存率为 70%,接近心脏移植疗效。

图 11　周建业教授

来自四川大学国家生物医学材料工程技术研究中心的王云冰主任,分享了“微创瓣膜及支架新产品开发难点与技术突破”的报告(图 12)。全球医疗器械市场稳健快速发展,心血管器械已经成为医疗器械行业中仅次于体外诊断的第二大市场产品,心血管器械的市场和用量最大的两个领域是心脏支架与瓣膜。以心脏支架为例,目前前沿的完全可降解支架,从材料到制备工艺,都有很长的路要走。理想状态下,植入一段时间后,支架完全消失,血管逐渐恢复原有的生理功能,有两个关键难题:一是降解过程中动态支撑性能和血管生理重建过程匹配度不够,难以提供血管组织再生修复的理想环境;二是诱导血管组织再生修复能力不足,难以实现对病变血管结构和功能的快速原位再生修复。目前上市的第一代完全可降解支架产品在降解行为与力学强度的匹配性以及血管组织再生修复方面还存在很大的优化空间。王云冰主任表示:只有工程界和学术界的专家精英,共同努力,通力协作,才能真正地开发出原创性的好产品。

图 12　王云冰教授

中国科学院分子影像重点实验室田捷主任,在论坛上做了题为“基于人工智能和医疗大数据的影像组学及其临床应用”的报告(图 13)。田主任在报告中指出:面对一系列临床问题,影像组学采用人工智能等方法进行分析研究以实现临床辅助决策。影像组学研究首先需要再对病变肿瘤区域精准定位,并将计算机定量特征、经验特征、文本信息、基因信息和病理信息等相结合,全面量化肿瘤异质性。针对具体临床问题，建立计算机定量影像特征与所研究的临床问题标签之间的分类模型；针对具体临床问题，融合影像组学标签和临床预后因子，展示适用于临床的个体化预测诺模图。同时田主任表示：影像组学作为一个新兴领域，亟需一套统一的质量评估标准，用以控制相关研究的质量和可信度。通过不断努力提高人工智能的准确度、可解释性以及智能性。

图 13　田捷研究员

针对主题发言中的案例典型，专家们进行了有深度、有意义的学术汇报和交流，让参会代表们获得了更多经验和启发。相信随着市场扩大、政策推动和医生、科研工作者的努力，在未来，中国医生、科学家定能为国际心血管技术的发展贡献自己的智慧。

23 日下午，论坛围绕“人工心脏”“可降解支架”“人工智能、大数据、机器人”“介入瓣膜、组织工程”四个大方向进行了专题研讨（图 14～17）。四个专场

图 14　人工心脏专场

图 15 可降解支架专场

图 16 人工智能、大数据、机器人专场

会议,分别由中国工程院胡盛寿院士、中国工程院张兴栋院士、东南大学万遂人教授、中国食品药品检定研究院生物材料与组织工程室主任王春仁教授担任主席。专场会共由 18 位业界知名教授主持点评,21 位专家发表专题演讲。会上各位专家学者进行了激烈的学术研讨和观点碰撞。

**图 17　介入瓣膜、组织工程专场**

我国长期以来存在比较严重的“技术孤岛”现象，医疗创新资源要素在产业链各环节上多头部署和分散投入，而高端医疗器械的领域分布又极其广泛，涉及生物医学工程领域众多专业，导致一些重大项目迟迟无法实现整体突破。因此，如何提高中国高端医疗器械的研发水平是国家在《中国制造 2025》规划中的一项重要工程。本次工程科技论坛，通过各位专家院士的共同研讨，旨在一起探寻出中国具有代表性的创新医疗器械解决方案，攻克技术瓶颈，同时也为卫生部门提供决策咨询，并为更多的创新医疗器械提供可行的医工合作模式，并以此为契机，通过合作创新模式，加强对中青年人才的培养，为更多人找到未来科研创新的方向。

欧阳晨曦　王云兵　郝　迪

# 第二部分

## 主 题 报 告

# 人工心脏技术治疗心力衰竭国内外现状和未来展望

胡盛寿

中国医学科学院阜外医院

## 一、引　言

人工心脏是部分或完全代替自然心脏做功的机械装置,分为心室辅助装置(ventricular assist device,VAD)和全人工心脏(total artificial heart, TAH)。人工心脏的研制涉及多个学科合作,是心血管领域技术含量最高的医疗器械。目前人工心脏在临床上主要用于心力衰竭患者的移植前过渡支持(bridge to transplantation,BTT)、过渡到心脏功能恢复(bridge to recovery,BTR)和终点治疗(destination therapy,DT)。新近研究显示,终末期心力衰竭患者植入 VAD 后 1 年和 2 年生存率分别达到 87%和 79%,几乎可与心脏移植效果媲美。因此人工心脏技术在心力衰竭治疗领域有广阔的应用前景。

## 二、社会需求

近 20 年来,心血管疾病(CVD)的预防和诊疗技术已取得重大进步,大部分心血管疾病的发病率和死亡率都显著下降,其中冠心病死亡率下降了 75%,但心力衰竭(heart failure, HF)是该领域唯一呈增长趋势的疾病。目前全球有 2600 万心力衰竭患者,其中美国每年有超过 300 万初步诊断为 HF 的患者需要就诊。心力衰竭预后差,5 年死亡率达到 50%,Ⅳ期 1 年死亡率达到 70%,预后生存显著低于癌症。HF 的治疗成本非常惊人,每个患者的预估寿命成本为 110 000 美元/年,其中四分之三的费用是住院消耗。因此心力衰竭防治在全球卫生领域面临严峻挑战,被称作“世纪战争”。

心脏移植是心力衰竭最有效的治疗手段,但供体缺乏导致等待移植的患者数量和死亡风险显著增加。据统计,在 2000 年至 2005 年间列出的 52.4%的患者在等待心脏移植的 6 个月内死亡,因此越来越多的患者在移植之前需要心室辅助装置支持生存。2010 年国际心脏和肺移植学会(ISHLT)的报告记录显示,等待心脏移植的患者 BTT 比例在过去 20 年从 13.4%增加到 42.4%。自 2001 年 REMATCH 临床试验结果公布以来,终点治疗已成为不适合心脏移植的终末期 HF 患者的重要选择。目前美国有 141 个中心被医疗保险和补助服务中心指定为 DT 中心。而且 DT 作为适应证的植入比例急剧增加,从 2006 年的 14.7%增长到 2014 年的 45.7%,而 BTT 比例从 42.4%降到 30.3%。目前美国每年 HF 患者植入 VAD 的数量达到 2500 余例,已超过心脏移植的每年 2200 例。因此心室辅助装置在心力衰竭治疗领域具有广阔的应用前景和大量的社会需求。

## 三、心室辅助装置技术现状和未来发展

### 1. 心室辅助装置技术国际现状

心室辅助装置(VAD)发展阶段可分为:1965—1990 年,美国国家卫生研究院(NIH)第一次提出人工心脏计划到开始设计搏动血流泵,并初步进行临床应用安全性和有效性评价。1990—2000 年,搏动血流左心辅助装置用于终末期 HF 等待心脏移植患者,并发展持续血流血泵革新技术。2000—2010 年,搏动血流泵可用于终末期 HF 患者替代治疗,生存率优于最佳内科药物治疗,开辟左心辅助装置治疗 HF 的新纪元;持续性血流左心辅助系统被系统完善并应用于 BTT 和 DT 治疗;2006 年成立的 The Interagency Registry for Mechanically Assisted Circulatory Support (INTERMACS)对推动左心辅助装置技术和临床应用产生巨大帮助;比较搏动血流 VS 持续血流装置治疗终末期 HF 的效果和并发症;2007 年发现终末期 HF 左心辅助后可逆转心脏重构现象。2010 年至今,磁悬浮持续血流辅助装置临床应用于终末期 HF 患者;比较持续血流装置不同类型治疗终末期 HF 的效果:轴流 VS 离心泵,磁悬浮 VS 机械轴持续血流泵;对左心辅助装置临床应用有效性、长期随访和不良事件危险因素总结,反馈上游生产商,并建立危险因素评分模型。

#### 1.1 第一代心室辅助装置

第一代心室辅助装置即以充盈-排空模式模拟自然心脏产生搏动性血流为特点的装置,关键核心技术:模拟人的自然心脏,核心单元是容积式血泵,是由一个血袋、控制血流方向的瓣及动力部分组成。单向瓣允许血液从进口端流入和从出口端流出,当动力部分挤压血袋时,血袋的容积减少,从而把血液挤压出去,类似于心脏的收缩过程;当血袋的压力减少时外部的血液就会流入血袋,类似于心脏的舒张过程。

根据安装方式分为:体外型,装置放置在体外,通过经皮插管分别与心室和升主动脉连接,以 Thoratec 经皮心室辅助装置(PVAD)(Thoratec Corp, USA)和

Berlin Heart Excor(Berlin Heart AG, Germany)为代表;可植入型,装置在腹腔内或者腹直肌鞘下腹膜前方制造的兜袋内,经过插管连接心室和升主动脉,以 HeartMate XVE(Thoratec Corp, USA)和 Novacor (World Heart Corp, USA)为代表。在搏动性心室辅助装置用以心脏移植前过渡支持治疗的临床研究中,多数临床中心应用可植入式 HeartMate XVE 和 Novacor 为主,通过 NYHA 心功能分级,6 分钟步行测试,Minnesota 日常生活评分评价 HF 患者装置植入后生活质量。研究结果显示,围术期死亡率为 15%~20%,生活质量和活动耐量显著提高,移植前总生存率为 60%~70%,装置支持时间在 6 个月以内,平均 50~60 天。生存率和生活质量与患者年龄、感染、泵失功、出血和血栓栓塞相关。到目前为止,分别有超过 1700 名和 5000 名 HF 患者接受过 Novacor 和 HeartMate XVE 左心辅助装置支持治疗。

在替代治疗中,HeartMate XVE 是第一个被批准应用于永久性治疗的搏动性心室辅助装置。由美国 NIH 资助的充血性心力衰竭机械辅助随机化评估(REMATCH)结果表明,对于不适宜移植的终末期心力衰竭患者,左心辅助装置(LVAD)受者的 1 年生存率为 52%,2 年生存率为 29%,而药物治疗组 1 年和 2 年生存率分别为 27%和 13%,与药物治疗相比,LVAD 显著提高 HF 患者的活动耐量和生活质量。影响替代治疗效果的主要因素是泵故障,2 年装置失功率高达 35%,超过 10%的死亡率,一例接受 HeartMate 装置支持的患者 7 年中更换了 4 次装置。另一因素是感染,包括导线、泵兜袋或者泵本身的感染,发生率为 24%。后来 Heartmate XVE 装置经过结构改进,进行 Post-REMATCH 临床试验,结果显示 309 例 HF 患者 1 年和 2 年生存率分别是 56%和 31%,但装置失功率仍高达 21%。美国医疗保障和救助服务中心(U.S. Health Care and Assistance Service Centers)关于搏动性心室辅助装置用于替代治疗的指南指出:慢性终末期 HF(Ⅳ级心力衰竭不超过 90 天,预期寿命少于 2 年),不适合心脏移植,并符合以下条件:① 至少经过 60 天的药物治疗无效;② 左室射血分数(LVEF)低于 25%;③ 心脏功能明显受限,峰值氧耗<12 mL/(kg·min),或因低血压、肾功能不全、肺瘀血需要持续静脉给予强心药物;④ 体表面积≥1.5 $m^2$。

第一代左心辅助装置产生符合人体生理的血流模式,提供良好的循环支持,短期使用不但改善器官功能紊乱,并且使患者的生活质量改善出院,提高移植前生存率。然而此类装置的高泵失功率和感染发生率限制了其在替代治疗的进一步应用。

### 1.2 第二代心室辅助装置

由于搏动性心室辅助装置结构复杂,泵失功率高,对患者体表面积有要求,应用已逐渐减少。近年来,由于没有用于泵血的血囊,无需安装人工瓣膜,耐久性长,旋转叶轮连续性血流泵成为目前心室辅助装置主要的研究方向。连续性血流泵分为离心泵和轴流泵。离心泵的特点是在较低流量下可以产生较高的压力,体积较轴流泵大,植入后易引起患者不适。故在旋转叶轮泵的研发中,轴流泵又成为目前各个研究中心的研发重点,目前在临床上应用的主要有 HeartMate Ⅱ、MicroMed DeBakey VAD、Jarvik-2000 等。关键核心技术:① 轴流血泵的转子叶片装在定子轴上,当轴旋转时,血液是沿着倾斜的方向抛出(沿螺旋线方向运动),经过后导叶导流后,血液基本上是沿轴流方向运动,称为轴流泵;② 离心泵:转子叶片装在轴上,当轴高速旋转时,这些叶片将引导血液并将其抛至外沿,叶片对血液的动力作用将形成动脉压,但无前后导叶导流。

HeartMate Ⅱ LVAS 是一种轴流式泵,旋转转子是其唯一运动部件,重新设计的 HeartMate Ⅱ具有左心室心尖流入插管,其具有烧结的钛合金血液接触表面。叶轮在轴承上旋转,并由电磁马达供电。流入管放置在心室内,并将泵置于腹腔内,流出管连接到 Dacron 移植物与升主动脉吻合,动力电源线经皮下隧道从腹部的右下象限引出。设计 6000~15 000 r/min 转速,最高可达 10 L/min 的心输出量。使用计算机化算法来连续地估计来自装置的流量。同第一代 HeartMate 搏动性心室辅助装置相比,HeartMate Ⅱ体积和重量明显减小,流入和流出管道无瓣膜,但需要口服华法令抗凝。临床经验表明,HeartMate Ⅱ可使 HF 患者出院后活动耐量和生活质量明显提高。一项多中心前瞻性临床研究表明,133 名等待供体的 HF 患者中 42%在 6 个月的 HeartMate Ⅱ循环辅助后,且接受心脏移植,6 个月总生存率为 75%,1 年生存率为 68%。另一项临床研究结果显示,在平均 6 个月的循环辅助支持中,HF 患者生存率为 86.9%,泵失功率仅为 3%。美国食品药品监督管理局(FDA)于 2007 年 11 月批准其应用于心脏移植前过渡支持。由于 HeartMate Ⅱ装置稳定性好、低噪音、抗血栓性能良好,已被应用于 HF 患者的替代治疗。新近的 374 例 HeartMate Ⅱ的替代治疗临床试验结果表明,1 年和 2 年生存率分别为 80%和 79%,感染率 3%,均无泵失功,且显著提高患者生存率和生活质量。FDA 于 2010 年 2 月批准其用于 HF 患者替代治疗。DeBakey 左心辅助系统的特点与 HeartMate Ⅱ相近,全世界范围内临床经验表明,装置适合 BTT 和 DT 治疗。150 例 HF 患者的 BTT 治疗中,心脏移植前过渡支持治疗的生存率为 50%~66%,装置失功率 3%。多中心非随机的 BTT 和 DT 临床试验(HeartMate XVE 对比 DeBakey)正在进行中。Jarvik2000 是微型轴流泵(直径:2.4 cm,长度 5.5 cm,重 80 g),该泵放置在左心室内,而不同于 HeartMate Ⅱ和 DeBakey(安装在腹膜前腹直肌鞘下的兜袋内),因而装置相关感染率显著降低。临床经验表明,对终末期 HF 患者的 BTT 和 DT 治疗可提供安全有效的循环辅助支持,第一例接受 Jarvik2000 替代治疗的患者已经存活超过 6 年。这种稳定性和耐久性使 Jarvik2000 成为 HF 患者长期使用的最期待的左心室辅助装置。

第二代心室辅助装置由于体积小,耐久性长,目前正成为心脏移植前过渡支持治疗和替代治疗的主流心室辅助装置类型,预计未来安装轴流泵的心衰患者会增长到 2000 例/年。

### 1.3 第三代心室辅助装置

由于旋转叶轮连续性血流泵机械接触轴承设计摩擦产热可导致血栓形成,同时机械磨损也降低了远期耐久性,从而影响 LVAD 患者的远期预后和寿命。近年无接触轴承设计中磁悬浮技术为机械接触轴承中血栓和耐久性问题提供了解决方法,即以悬浮轴承为特点的第三代心室辅助装置。磁悬浮轴承是利用磁场力将转子悬浮起来,使之与定子没有机械接触的一种高性能轴承,具有无摩擦、无磨损、不需密封及寿命长等特点,目前进入临床试验的磁悬浮心室辅助装置主要有 Incor、VentrAssist、DuraHeart、HVAD 和 HeartMate Ⅲ。

Incor 装置是以磁悬浮轴承为设计特点的轴流泵,表面肝素涂层,重 200 g,5000~10 000 r/min 可产生最高 5 L/min 流量。欧洲区 212 例 BTT 临床试验结果表明,平均支持时间 162±182 天(最长 3 年),65 例(31%)接受心脏移植,11 例(5%)心功能恢复撤除装置。在 93 例(44%)死亡病例中,主要死亡原因是多器官功能衰竭 47 例(22%),脑血管不良事件 17 例,右心衰竭 5 例,其他未知原因 24 例。

VentrAssist 装置是以液力悬浮轴承为设计特点的离心泵,应用钻石样金刚碳涂层(DLC),重 298 g,直径 60 mm,转子转速 1800~3000 r/min,可产生 5 L/min 流量。30 例终末期 HF 患者安装该装置作为心脏移植前过渡支持治疗结果表明,5 个月生存率 82%,3% HF 患者由于心脏功能恢复撤除辅助装置,装置失功率 15%,其他并发症主要是感染,多发生于植入后 30 天。在 16 例接受该装置作为替代治疗的研究中,平均支持时间 330 天,1 年生存率为 60%。

DuraHeart 装置是磁悬浮联合液力悬浮轴承为设计特点的离心泵,重 540 g,直径 72 mm。欧洲 55 例 BTT 临床试验结果显示,6 个月和 1 年生存率分别为 86%和 77%,最长带装置存活时间 2.7 年。10 例患者的死亡原因是过度抗凝导致的脑出血和非创伤性硬脑膜外血肿。在应用装置支持治疗期间,未发生泵机械失功、泵血栓形成和溶血。

HVAD(HeartWare Corp)是以磁悬浮和液力悬浮为设计特点的离心泵,重 145 g,直径 4 cm,产生血流量最高可达 10 L/min,放置在心包腔内而不需要另外的腹膜外兜袋,是目前最小的三代心室辅助装置。HeartWare 是离心式平流心室辅助装置(排量 50 mL,重 145 g)。由三个部分组成:① 集成流入管的前壳体;② 具有磁中心柱的后壳体;③ 旋转叶轮。前后壳体是混合钛-陶瓷装配,每个包含密封的电动机定子。宽叶片叶轮设计为容纳四个大马达磁体,且具有三个磁性叠层。流入管(长 25 mm,外径 21 mm)由光滑的钛制成并且包含硅氧烷 O 形环。经皮电缆由六根单独绝缘、绞合耐疲劳的 MP35N 合金电缆组成,每根合金电缆包裹在硅内腔中,并具有耐磨外护套且植入部分被编织的涤纶覆盖,以促进在皮肤出口部位的组织向内生长。创新点:① 基于微处理器的控制器(13.34 cm×10.4 cm×5.08 cm)重 0.362 kg,并通过经皮电源线连接到血泵。控制泵操作,管理电源,监控泵功能,提供诊断信息,并存储泵参数数据。② 电流(IQ)曲线用于估计通过泵的瞬时和平均流量。估计装置流量算法使用泵速度和电机电流的值计算。③ 负压抽吸检测算法通过连续平均最小估计流建立基线估计流,然后每 2 秒重新计算。基线瞬时流量必须超过 1.8 L / min。抽吸触发值建立在估计流量基线以下 40%,当基线流量超过此限值 10 秒钟时,会产生报警。④ 循环控制的速度变化函数(Lavare Cycle)允许在 3 秒周期期间每分钟一次通过 LVAD 的左心室充盈和流速的变化。在循环控制的速度变化期间心室容积和泵流量的变化减少血流在泵的部分淤留。

HeartMate Ⅲ采用的是完全磁悬浮的离心泵。由于摆脱了流体悬浮力的约束,该泵可以输出脉动血流,而脉动血流符合生理状态,对外周血管系统和末端器官灌注无疑更为有利,而且搏动流体能帮助冲刷流道,进一步降低血栓形成等不良事件。该泵也采用插入心尖的方式,更便于植入,目前已完成 BTT 和 DT 临床试验。

第三代心室辅助装置多是以完全磁悬浮或混合液力悬浮轴承为设计特点的离心泵。对三代心室辅助装置用于替代治疗的耐久性和稳定性的多中心临床试验结果表明,磁悬浮心室辅助泵是未来临床应用的主要发展方向。

**2. 心室辅助装置技术国内应用现状**

根据《中国心血管病报告 2016》,我国目前约有 500 万 HF 患者,心力衰竭正在成为我国心血管疾病领域重要的公共卫生问题。心脏移植是终末期心力衰竭最有效的治疗手段,但由于供体来源受限,目前我国每年心脏移植数量在 700 例左右,等待移植患者人数多,供体缺口与日俱增。心室辅助装置主要作为心脏移植前的过渡支持和永久替代治疗使用,能显著提高终末期 HF 患者的生存率和生活质量。由于进口 VAD 价格高昂,因此研发和应用国产 VAD 具有重要的临床和社会意义。

第一代心室辅助装置是以搏动性血流为特点,模拟心脏同步收缩与舒张功能,分为气动泵和电动泵。国内研发和应用的搏动泵主要是由广东省心血管病研究所开发的气动辅助罗叶泵,自 1998 年到目前为止共应用于 23 例成人心室辅助,其中 21 例心脏术后出现心力衰竭,2 例心脏移植前过渡支持。

第二代心室辅助装置血流特点是连续性无搏动血流,结构特点是电驱动轴承高速旋转产生血流推动力。国内研发、动物实验和初步临床应用的主要包括 Fw-Ⅱ轴流泵、Evaheart-Ⅰ、BJUT-Ⅱ 心室辅助装置。BJUT-Ⅱ是北京工业大学研发的放置在主动脉瓣和主动脉弓之间主动脉内的串联辅助泵。计算机流体力学分析研究表明,该泵可在无搏动血流模式下,改善冠状动脉灌注,预防动脉粥样硬化发展和易损斑块破裂,但未有临床应用。Fw-Ⅱ轴流泵是阜外医院自主研发的左心辅助装置,前期经过体外、体内动物和临床前评价,取得中国食品药品检定研究院临床应用资格认证。已经应用治疗 5 例心梗后室间隔穿孔修补术后合并低心排出量综合征的患者,研究表明在治疗过程中,显著改善肝肾灌注,提高早期生存率。Evaheart-Ⅰ是由可产生搏动血流的离心泵和控制器组成的植入式心室辅助系统。其运行参数包括:转速 800~3000 r/min,流量 2~20 L/min,功耗 2~20 W。北京阜外医院胡盛寿院士团队在中国首次开展植入式心室辅助装置临床试验,共为 12 例危重和急慢性心力衰竭患者植入 Evaheart-Ⅰ,早期和中远期随访数据表明,该装置显著提高了心力衰竭患者的生存期,同时改善生活质量。

第三代心室辅助装置主要结构特点是磁悬浮驱动无轴承连续性血流,国内研发并进行动物实验评价的包括泰达磁悬浮离心泵系统和苏州同心 CH-VAD 心室辅助装置。苏州同心 CH-VAD 是一种以全磁悬浮离心泵为核心驱动的心室辅助装置,在心血管疾病国家重点实验室完成动物体内植入实验 25 例,证实具有优良的血流动力学、血液和生物相容性。北京阜外医院胡盛寿院士团队以"人道主义豁免"形式,在中国首次应用第三代磁悬浮心室辅助装置救治危重心力衰竭患者 4 例。该 4 例患者均为心力衰竭急性发作,血管活性药物治疗无效,接受 ECMO 或 IABP 支持 10~14 天,出现血流动力学不稳定,生命危在旦夕。术后所有患者心功能和血流动力学指标均明显改善,1 例患者术后 192 天行心脏移植术,1 例患者心功能恢复撤除装置,1 例患者带装置长期生存,1 例患者术后 30 天死于感染。

### 3. 心室辅助装置治疗心力衰竭未来发展的思考

#### 3.1 搏动性血流是否更有利于生物体

目前国际上 90%的心室辅助装置产生平流而非生理搏动血流,高速旋转叶轮从心脏持续泵血引起主动脉瓣长期关闭,可导致出血、血栓形成和右心衰竭等并发症从而降低患者生存率。磁悬浮轴承可避免机械轴承长期摩擦产热导致的血栓形成;增加泵脉动性可使主动脉瓣开放并避免功能紊乱血流性回路,从而降低血栓栓塞事件发生率;植入连续流动(CF)左心辅助装置的患者中 18%~40%

发生胃肠道出血，研究发现缺乏脉动性后血流剪切力增加，可引起 von Willebrand 因子多聚体形态变化，使出血风险增加，同时血液循环缺乏脉动后胃肠道血管灌注不良，易引起血管破裂出血。因此研发磁悬浮心室辅助装置不但可消除传统平流辅助装置机械轴承血栓问题，还可通过快速调节平流辅助装置叶轮的速度，尝试再现类似于由天然心脏产生的脉动能，对心脏复苏、周围血管反应、微循环和终末器官灌注都具有有益效果。选择适当的速度分布和控制策略以产生生理波形，同时最小化功率消耗是待解决的关键问题。

相比较平流，搏动血流对生物体的优势目前有以下理论：① 能量理论，Shepard 等首先在理论上证实搏动血流优于非搏动血流。提出搏动血流的产生不在于血流压力变化，而是取决于能量变化的理论。并用等能压力公式来描述动脉搏动波形中的能量变化。EEP＝SdtP/SdtF，P 为压力，F 为每秒钟血流量，dt 为瞬时间变化量。通过公式测算出在压力和流量相同的灌注中，搏动血流的耗能是非搏动血流的 1.5～2 倍。根据能量守恒与转化定律，搏动血流中包含的额外能量对组织灌注有益，不仅能维持微循环的通畅，促进淋巴液流动，减轻组织水肿，而且在细胞水平产生振荡运动，改善细胞代谢。② 毛细血管临界闭合压理论，研究证明，机体动脉血压在心脏射血末期就开始下降，但血流仍然向前运动，这是因为搏动血流不仅产生使血液流动的动能成分，而且产生势能成分（血管压力），维持舒张期的血液流动。但是当动脉血压下降到毛细血管前动脉临界关闭压时（10～25 mmHg），微循环血流中断。平流仅产生使血液流动的动能成分，而搏动血流在此基础上增加了势能成分，能提高灌注压力，延长毛细血管前动脉开放时间，有利于改善维持微循环，增加组织器官血供。③ 神经反射理论，主动脉弓和颈动脉窦的压力感受器对维持血压有非常重要的作用，且对管壁的扩张刺激非常敏感。有研究证实，在由搏动血流至平流的演变过程中，压力感受器释放的神经冲动明显增加，传至大脑血压调节中枢，调节肾素-血管紧张素-醛固酮系统，反射性引起全身缩血管物质肾上腺素、血管紧张素和血管升压素等增加，进而造成微循环灌注障碍。平流的血流和血管都具有很高的能量，其谐波效应可缓解压力感受器神经释放冲动，减少缩血管物质的释放。

### 3.2 轴向血流或离心血流模式对 HF 患者的长期生存影响

平流装置根据流体力学可以分为两类：轴向和离心流动。包括 HeartAssist 5（ReliantHeart），HeartMate Ⅱ 和 Jarvik 2000（Jarvik Heart）的轴流装置使用高速轴向旋转叶轮将血流推过装置出口。相比之下，HeartMate Ⅲ，MVAD（HeartWare）和 DuraHeart（Terumo）的离心流装置使用叶片来使血流旋转通过装置出口。离心和轴流装置在其轴承设计、流量估计、负荷前后敏感度、生物相容性和理论耐久性方面进一步不同。

由于 HeartMate Ⅱ和 HVAD 的流动脉动性更高、流动精度的改进估计、更小的尺寸、更低的入口吸力和同等的不良事件发生率,近来出现了离心 CF 装置的发展趋势。HeartMate Ⅲ(Thoratec)是目前在美国正在研究的离心式 CF LVAD,具有下述优点包括生理脉动的选择、无轴承泵转子和精确的流量估计器。MVAD(心脏泵)虽然是轴流式泵,但包括离心泵的一些设计元件,例如转子悬架、更小的尺寸和倾斜的入口。EVAHEART LVAS(Evaheart,Inc.,Houston,TX,USA)是一种液压悬浮离心泵,在日本 118 种临床植入物中显示出初步结果。但根据 INTERMACS 最新年度报告,影响终末期心力衰竭患者生存的危险因素并非是泵的类型,而是患者自身疾病的严重程度。

3.3 心室辅助装置适应证是否可进一步扩展

随着使用平流 LVAD 相关的生存率显著改善,心脏移植的候选者范围正在扩展。由于 LVAD 技术的改进,LVAD 治疗由只给最危重患者使用,现在扩展到 UNOS 状态ⅠA(紧急需要)和ⅠB(依赖静脉给药或 MCS 装置)患者,并且可用于终末期患者作为 DT 治疗。因为 LVAD 作为 BTT 治疗已经显著增加存活时间,全世界范围内超过 40%的等待心脏移植的患者已经植入 LVAD。然而近 10 年来,美国每年心脏移植的数量仍停滞在 2000,而诊断为晚期心力衰竭的患者数量正在增加。目前,在美国有超过 570 万人被诊断为心力衰竭,其中 25 万人是纽约心脏病协会ⅢB 或Ⅳ级,预计到 2030 年心力衰竭患者将超过 800 万。全球范围内,估计有超过 2300 万心力衰竭患者,尽管来自发展中国家的数据有限。这导致临床医生和科学家寻求替代治疗,如扩展标准“边缘供体”;然而,对于边缘供体器官的长期结果是未知的,对于什么是构成边缘供体心脏的定义没有达成共识,其可以鉴定处于早期移植物功能障碍危险的患者和预测移植后存活。随着 LVAD 进一步小型化和耐久性,使用边缘供体器官进行心脏移植可能允许受限于那些不符合 LVAD 植入资格的患者。目前,已有证据表明,植入 LVAD 的生存结果至少等同于边缘供体心脏的移植,并且等待最佳心脏可能有利于移植后的生存结果。

为了扩大 LVAD 植入的适应证,生活质量是一个必须解决的重要问题。虽然 LVAD 植入后对于难治性心力衰竭患者的生活质量有所改善,但它并没有改善到健康人群的水平。此外,与 LVAD 植入相比,心脏移植后长期生活质量更好。对于 LVAD 治疗成为重症心力衰竭患者的选择,妨碍生活质量改善的问题必须得到纠正。导致生活质量降低的最重要因素是 LVAD 植入后的住院治疗。Grady 等研究表明生活质量评分受到 DT 患者住院治疗的影响最大。几个问题已被确定为重新入院的主要因素,包括但不限于装置感染、出血并发症和复发性心力衰竭。技术进步如经皮能量传输系统的发展和改善的血液装置接触面相互作用是必要的，以便克服与 LVAD 植入相关的这些频繁且昂贵的并发症。毫无疑问，一旦消除了 LVAD 的这些限制，患者的生活质量将显著改善。

3.4 心力衰竭患者植入心室辅助装置后心肌是否能逆转复苏避免心脏移植

历史上，LVAD 植入已显示出作为心肌功能恢复的治疗的希望。Farrar 等报道了用 Thoratec XVE LVAD 支持治疗的 17 名非缺血性心力衰竭患者后成功撤除装置。随后在一个小队列的非缺血性心肌病患者中显示，联合使用 LVAD 和药物治疗可能使心肌复苏。Dandel 研究显示撤除装置后 10 年生存率在 65%～75%，心力衰竭复发率在 36%～46%，很显然，LVAD 植入后心肌复苏与心力衰竭的病因密切相关，缺血性心肌病后复苏比较少见。而急性心肌炎如产后心肌病和心脏术后心力衰竭的复苏更常见。国际机械辅助循环支持注册登记机构（INTERMCS）报道了 1.2%的复苏率。尽管在细胞水平观察到更高的复苏率，但这很少转化为撤除装置的临床复苏。阜外医院胡盛寿院士团队使用国产磁悬浮心室辅助装置治疗终末期心力衰竭患者 1 例，在支持治疗 166 天后，患者心脏功能恢复至正常从而撤除装置，避免了心脏移植。

展望未来，LVAD 植入后联合治疗似乎更有助于心肌复苏，如药物或细胞移植的治疗。干细胞治疗可能提供细胞修复或再生的机制，虽然临床结果显示在骨髓干细胞治疗后的左室射血分数（LVEF）只有适度的改善，内源性心脏干细胞在早期临床试验中显示出希望，而诱导多能干细胞可能提供另一种治疗选择。通过生物材料改善细胞滞留率并提供辅助治疗以提供最佳的细胞环境，干细胞治疗的效果会显著提高。LVAD 联合干细胞和生物材料可显著改善晚期心力衰竭患者临床水平的心肌复苏。

## 四、全人工心脏应用现状

全人工心脏（total artificial heart, TAH）是合并严重心律失常、严重心脏肿瘤、心脏移植术后慢性排斥反应、等待二次心脏移植或心肾联合移植患者移植前过渡的最佳选择。

### 1. TAH 发展历史和研究现状

全人工心脏的发展主要分为以下几个阶段：第一阶段（1960—1991 年）：1960 年 Kennedy 等提出全人工心脏的概念，于 1964 年被美国国家心肺血液研究所作为重大专项研究，1969 年和 1981 年，Cooly 完成第一例植入 Liotta-Cooley 和 Akutsu 气动辅助装置，1982 年 De Viries 植入 Jarvik 7 人工心脏，存活 112 天。1983—1986 年 Jarvik 7 和 Jarvik 7-70 在美国各医学中心作为心脏移植前过渡支持治疗使用，1991 年由于质量问题，美国 FDA 撤销 Jarvik 7 使用。第二阶段

(1992—2004 年):CardioWest 接受 FDA 批准启动 TAH 项目改进 Jarvik 7-70 装置,1993 年第一例 CardioWest TAH 在 VCU 医学中心被植入一例心力衰竭患者,186 天后接受心脏移植,1999 年 CardioWest TAH 被批准在欧洲临床使用。2001 年 SynCardia 系统建立,并且获得 FDA 批准商业化 CardioWest TAH。2004 年被 FDA 批准应用于不可逆双心室衰竭患者心脏移植前过渡支持治疗。在此期间,于 2001 年,第一例完全内置式电动 AbioCor 被首次植入人体。第三阶段(2004 年至今):全世界范围内各医学中心应用 SynCardia 系统于双心室衰竭 BTT 治疗,2012 年 FDA 以"人道主义使用器械(HUD)"批准其作为终点治疗;2013 年 12 月,Alain Carpentier 将新型生物材料覆盖的 Carmat 全人工心脏用于心力衰竭患者 DT 治疗,生存 75 天。

全人工心脏根据工作原理分为气动泵和电动泵。SynCardia 是目前应用最多的气动泵,重 160 g,占用空间约 400 mL,用 4 层聚氨酯隔膜将心室分隔为气室和血室,每个心室连接一根输送压缩气体的驱动管路。工作时空气被打入气室并将压力传导至血室,血液排出,相当于收缩期;气室放气时血室充盈,血液由心房流入血室,相当于舒张期。左、右心室同步收缩射血产生搏动性血流。可提供 70 mL 的最大每搏输出量和 9.5 L/min 的最大心输出量。目前已被植入到 1100 多例心力衰竭患者体内,最长存活时间是 3.75 年。AbioCor 是全球首个完全植入式电动泵,重 900 g,工作时主动充盈,序贯射血,可提供 60 mL 的最大每搏输出量和 8 L/min 的最大心输出量。由于使用了经皮能量传送技术,消除了经皮穿出的驱动线管,因此减少了感染的发生率。笔者本人曾于 2007 年在美国 Kentucky 大学完成两例牛的植入手术,对其性能也有第一感性认识。后该泵有 10 余例临床应用,最长存活 3 年。Carmat 属于电动泵,同 AbioCor 具有类似工作特点。

**2. TAH 的适应证和应用领域**

全人工心脏主要应用于国际机械辅助循环支持注册登记机构Ⅰ类(心源性休克)或Ⅱ类(正性肌力药物支持下血压持续下降)患者。FDA 制定的 Syncardia 适用标准为:

(1) 有心脏移植适应证;

(2) NYHA Ⅳ级;

(3) 体表面积 1.7~2.5 $m^2$,CT 扫描胸骨内面与第 10 胸椎(T10)椎体前缘间距≥10 cm;

(4) 血流动力学满足以下:

1) 心指数≤2.0 L/(min · $m^2$),收缩压≤90 mmHg 或中心静脉压≥18 mmHg;

2)下述至少满足两项:① 多巴胺≥10 μg/(kg·min);② 多巴酚丁胺≥10 μg/(kg·min);③ 肾上腺素≥2 μg/(kg·min);④ 异丙肾上腺素≥2 μg/(kg·min);⑤ 米力农≥0.5 μg/(kg·min);⑥ 其他药物用至最大剂量;⑦ 主动脉内球囊反搏(IABP)辅助;⑧ 体外循环(CPB)辅助。

排除标准包括:

(1)使用血管心室辅助装置(Impella);

(2)肺血管阻力≥8 wood;

(3)安装前透析超过7天;

(4)血肌酐水平≥5 mg/dL;

(5)肝硬化或总胆红素≥5 mg/dL;

(6)细胞毒性抗体反应≥10%。

除双心室衰竭外,下列生理和解剖异常也是适应证:急性游离壁破裂或室间隔缺损导致心源性休克,原发性心律紊乱导致急性恶性心律失常(与心脏内充盈压无关),广泛心室腔内血栓负担,心脏同种移植排斥反应,肥厚/限制型心肌病,复杂先天性心脏病,升主动脉瘤(或夹层动脉瘤),左心辅助装置治疗失败,以及有多个机械瓣膜的患者。由于LVAD植入后右心衰竭导致较高死亡率,把具有VAD植入后发生右心衰竭高危因素的患者作为TAH的适应证,包括:中心静脉压(CVP)显著增加,高CVP/PCWP(肺毛细血管楔压)比值,低肺动脉搏动压,低右心室射血做功指数,肝瘀血实验室指标,以及右心室功能的超声指标(右心室直径,三尖瓣关闭不全的严重程度,三尖瓣环平面收缩期脱垂)。

### 3. TAH的临床应用经验

Syncardia作为最早被FDA批准使用的临时全人工心脏,较传统VAD提供的"心输出量"更大,组织灌注更充分,能促使终末脏器功能快速恢复,帮助患者以更好的身体状况等待心脏移植,明显提高了移植前生存率。Copeland等的多中心非随机对照前瞻性研究表明,在130例终末期心力衰竭患者中,全人工心脏组移植前过渡支持生存率为79%,而相同入选标准患者对照组仅为46%;后又长期随访发现移植后1年和5年生存率分别为76.8%和60.5%。植入后循环支持过程中死亡的32例患者中,70%发生于两周内,90%发生于40天内。Leprince等一组127例患者的研究表明,在1997年以前全人工心脏组平均装置支持时间为20天,1997年以后达到2个月;1993年以前移植前过渡支持生存率为43%,1993—1997年为55%,1997年以后达到74%。但在该组患者中,脑血管出血和栓塞发生率低(0.016事件/患者·月),与血小板功能、对促凝血激活和纤溶激活进行系统检测评价指导抗凝药物应用有关。

由于 Syncardia 经皮电源线感染发生率高，AbioCor 作为电动泵，同时经皮无线能量传输驱动，设计之初目的是用于终末期心力衰竭患者的永久性替代治疗。从 2001 年到 2004 年，14 例终末期心力衰竭患者植入该装置，12 例患者术后存活，平均循环支持时间 4.5 月（53～512 天）。2 例患者带装置出院，2 例患者死于装置失功，感染发生率低，但于心房连接处血栓发生率高。FDA 于 2006 年批准用于不适合心脏移植的患者人道主义治疗（HDE）。但由于体积较大，据统计仅适合心力衰竭患者中 50%成年男性和 18%女性，因此生产商已停止 AbioCor 的供应。

### 4. TAH 的未来发展趋势

未来 TAH 应向体型更小、便携、血液成分破坏更小的全植入式设计方向发展，包括：

（1）连续性轴流双心室辅助装置：即采用左右心室独立流入和流出管道的一体化轴流泵辅助，尽管体积显著减小，机械效率高，但这种非搏动性血流对体循环和肺循环的影响还有待进一步研究。

（2）经皮无线能量传输：利用无线技术传输信息和能源，通过 Internet 进行远程监测和控制，消除电源线感染源，改善患者的活动能力。早期 AbioCor 、克利夫兰基金会资助的 Magscrew 和法国的 Carmat 全人工心脏仍在探索此类技术。

（3）提高血液相容性：通过计算机流体力学模拟（CFD），可对 TAH 的设计进行评估，找出血流缓慢（血栓形成）或湍流、高剪切力（血小板激活）的危险区域做出改进，可防止血栓形成。

## 五、结　　语

人工心脏技术可有效改善终末期心力衰竭患者的症状，提高其长期生存率和生活质量，在慢性心力衰竭替代治疗中有非常大的应用前景。相信随着材料学、电子学、交叉学科的进步，人工心脏不断改进，体积更小、时间更长、术后并发症更少的人工心脏将有可能替代心脏移植成为终末期心力衰竭患者的终极治疗手段。

**胡盛寿**　1957年出生,主任医师,教授,博士生导师,中国工程院院士,国家"973"项目首席科学家。现任国家心血管病中心主任,中国医学科学院阜外医院院长,心血管疾病国家重点实验室主任,国家心血管疾病临床医学研究中心主任,《中国循环杂志》主编,法国医学科学院外籍院士,政协第十三届全国委员会农业和农村委员会副主任。

1982年毕业于武汉同济医科大学后历任北京阜外医院住院医师、主治医师。1986年师从我国著名心血管外科专家郭加强教授攻读硕士学位。1994年赴澳大利亚悉尼圣文森医院进修心脏外科,1995年回国后破格晋升为主任医师并任阜外心血管病医院外科行政副主任、瓣膜和辅助循环研究室主任。1999年获得教育部"跨世纪人才"称号,2001年获得国家杰出青年科学基金。2004年组建卫生部心血管病再生医学重点实验室并出任主任,2006年获"卫生部有突出贡献中青年专家"称号,2007年获得教育部"长江学者和创新团队"称号。2009年被选为国家重点基础研究发展计划("973")项目首席科学家。2006年入选美国心脏病学会(ACC)会士,2007年入选美国胸外科学会(AATS)会员。2009年被选为《美国胸心血管外科杂志》(*JTCVS*)唯一一位中国大陆编委。

# 组织工程创新与产业发展

**顾晓松**

江苏南通大学 江苏省神经再生重点实验室

在当今世界上,有 1000 多万病人正等待着角膜移植,每年超过百万人因肝衰竭死亡,数百万人因神经损伤导致残疾,百万人因皮肤烧伤导致残疾和缺陷。地震等自然灾害、交通与工伤事故、恐怖袭击与战争、环境污染与疾病对人类的健康威胁正在逐渐增加,影响着千千万万个家庭的生活质量与经济社会负担。

组织工程与再生医学涉及生物材料、干细胞、基因重编程、活性因子、组织工程构建技术。新技术新产品通过企业研发、临床试验与国家食品药品监督管理部门监管,包括制定技术与产品标准,在安全性与有效性获得客观评价后,才能转化应用于人体,因而这是一个多环节的复杂工程系统。面向转化应用的生物材料研究发展的趋势是:一方面深入了解或阐述材料对机体的影响,包括生物材料的化学特性、表面构型及其在人体内降解过程中出现新的中间产物与最终产物对机体的刺激、诱导与影响;另一方面深入了解机体对植入的生物材料的应答,包括机体对材料的识别、代谢、排异、耐受与整合、融合及材料彻底代谢途径与微环境重建。这些都应从分子应答调控模式、细胞水平及组织形态与功能重建这几个层面综合分析,从而在安全性与有效性方面给予科学的客观评价。

组织工程与再生医学的创新与转化面临着前所未有的挑战,涉及基础医学、临床医学、生命科学、材料科学、生物医学工程科学,又与分子生物学、基因组学、蛋白质组学、干细胞学、生物大数据及转化医学学科间交叉与融合。在学科发展进程中与国家食品药品监督管理部门监管相关政策法规、金融投资、企业发展与市场培育,与医疗健康、生物医药产业密切相关。

组织工程一般分为材料支架、种子细胞与因子三大要素。新近的发展已提出,组织工程包括生物材料、种子细胞或支持细胞、活性分子(因子或核酸)、细胞基质与构建技术。我们课题组经过 20 多年的创新与科技攻关,在组织工程神经构建与临床应用方面开展了系列的研究工作。① 提出“构建生物可降解组织工程神经”的学术观点。② 研制生物力学性好、降解可调控、低免疫原性、有利于血管生长和神经导向生长的组织工程神经,发明了构建组织工程神经的新技术和新工艺。③ 发明了生物可降解人工神经移植物,在国际上率先将壳聚糖人工神经移植物应用于临床,受试病人损伤肢体功能明显恢复,优良率达 85%。该产品已经完成临床试验,进入产品注册证书申报阶段。④ 创建了自体骨髓间充质干细胞组织工程神经修复长距离神经缺损的新技术和方法,成功修复人正中神经干 8 cm 缺损,术后病人功能恢复良好。⑤ 创新性地研制了新一代细胞基质化丝素组织工程神经,并获中国发明专利及美国、欧亚多国、澳大利亚等国际发明专利。⑥ 揭示了组织工程神经修复神经缺损,并实现功能重建的分子调控机理(*Science*, 2012, 338: 900-902)。我们课题组选用天然蝶翅作为生物材料研究对象,选取两种具有不同表面微纳米结构形貌的蝶翅作为研究材料,即具有规则平行脊纹形结构的大蓝闪蝶和具有凹坑形结构的天堂凤蝶。处理后的蝶翅的物理性能均适于细胞黏附与生长,但在具平行结构的大蓝闪蝶翅上,细胞表现出规律的定向生长,而在凹坑形天堂凤蝶翅上,细胞则呈现杂乱无规则的生长模式。运用生物信息学大数据分析方法,对所获得的基因表达谱进行筛选和深入分析,从全局角度构建基因共表达网络,深入探讨了蝶翅表面微纳米结构形貌调控细胞生长行为的作用机制,发现溶酶体活性是早期决定细胞在不同形貌蝶翅表面生长行为差异的关键因素。该研究结果初步阐明了生物材料表面结构、细胞生物学行为与基因表达调控三者之间的关系,建立了"生物材料表面微纳米结构调控细胞生长行为"理论,为研发新一代生物材料与组织工程产品提供了新的理论,给新型医用仿生材料的设计以极大的启示(*ACS Nano*,2018, 12:9660-9668)。

组织工程与再生医学的创新与发展是人类面临的挑战,是全球的工程系统,每一位科学家与工程技术人员应积极投身其中,推动其发展。人类社会在未来的 10~15 年发展中,要实现组织工程皮肤、组织工程角膜、组织工程脊髓、组织工程心脏、组织工程血管、组织工程肝、3D 生物打印与干细胞治疗等转化应用的目标,尚需全球科学家与工程技术人员协同攻关,携手共进;尚需各国政府与相关机构在政策方面、研发资金投入方面和人才队伍培养与创新平台建设方面给予持续的重点支持。

**顾晓松** 顾晓松教授是南通大学教育部江苏省神经再生重点实验室主任，江苏省基础医学优势学科带头人，获首届国家杰出青年科学基金，2015 年当选中国工程院院士。三十多年来，他带领学术团队在组织工程与神经再生研究方面取得了突出创新性研究成果：① 提出“构建生物可降解组织工程神经”的学术观点，被作为新的理念载入英国剑桥大学新版教科书。② 研制生物力学性好、降解可调控、低免疫原性、有利于血管生长和神经导向生长的组织工程神经，发明了构建组织工程神经的新技术和新工艺。③ 发明了生物可降解人工神经移植物，在国际上率先将壳聚糖人工神经移植物应用于临床，受试患者损伤肢体功能明显恢复，优良率达 85%。该发明已经完成临床试验，进入产品注册证书申报阶段。④ 创建了自体骨髓间充质干细胞组织工程神经修复长距离神经缺损的新技术和方法，成功修复人正中神经干 8 cm 缺损，术后患者功能恢复良好。⑤ 创新性地研制了新一代细胞基质化丝素组织工程神经，并获中国发明专利及美国、欧亚多国、澳大利亚等国际发明专利，为我国组织工程神经的创新与转化应用进入国际领先地位发挥着重要作用。*Science* 刊文称“顾教授在世界上第一个将壳聚糖神经移植物应用于临床，第一个转化人工神经研究进入临床，是组织工程神经转化医学的开拓者(Translational Pioneer)”。

主持国家“863”项目、“973”课题和国家自然科学基金重点项目；获中国发明专利 12 项、国际发明专利 5 项；发表 SCI 学术论文 125 篇，学术论文被 *Cell*、*Science*、*Nature*、*Nat Mater*、*Chem Soc Rev* 等权威期刊引用和评述，他引 2300 多次；研究成果被载入国际英文专著与教材 68 部；多次应邀在世界再生医学峰会、材料科学大会、香山会议、战略性新兴产业培育与发展、医疗器械创新与产业发展等论坛做特邀报告；主编(副主编)专著与教材 8 部；获国家技术发明奖二等奖(排名第一)，省部级一、二等成果奖 3 项。2014 年获何梁何利基金科学与技术进步奖。2017 年获全国创新争先奖。

社会兼职包括中国生物医学工程学会副理事长，中国解剖学会名誉理事长，世界重建显微外科学会创会会员，国际英文期刊 *Curr Stem Cell Res Ther* 副主编；人体解剖学国家精品课程主持人，人体解剖学国家教学团队学术带头人，培育了一支能参与国际竞争的组织工程创新团队。

# 科技创新引领医院建设与发展

田 伟

北京积水潭医院

创新活动贯穿于人类社会发展的始终,人类社会发展进步的历程就是在生产实践的摸索过程中不断创新、不断积累的过程。古往今来,创新都是中华民族最深沉的禀赋。从原始社会的钻木取火到发明造纸术、指南针、火药制造、活字印刷,再到高速铁路、青蒿素、中国天眼(500 米口径球面射电望远镜),等等。没有一次伟大的进步,不是依靠创新和积累的。

创新概念的起源可追溯到 1912 年美籍经济学家熊彼特的《经济发展概论》。熊彼特在其著作中提出:创新是指把一种新的生产要素和生产条件的"新结合"引入生产体系。习近平总书记指出:"科技是国家强盛之基,创新是民族进步之魂,必须把科技创新摆在国家发展全局的核心位置"。因此,可以说医学创新是医院发展的核心,是引领医院建设发展的基石。

医学创新是指随着现代生物科学、信息科学、材料科学、计算机科学、网络技术等学科的深入发展,医疗专家学者在医疗领域努力拓宽医疗技术,积极推广科研成果,大胆进行技术改造,依托高精尖设备开展新的技术项目,以此提高医疗技术和服务质量、提升解决医学疑难问题和复杂问题的能力、满足患者不断增长的就医需求。

目前医学创新存在下列一些问题:

(1) 自主创新缺少统筹、协作。目前大多数医院是依靠临床科室自身进行独立创新,区域性医疗技术创新的平台尚未搭建或未成熟。

(2) 缺乏沟通与共享。临床科室之间、区域卫生组织间、社会优势资源间没有建立起有效的沟通机制,导致科学研究、技术开发和临床应用之间存在脱节问题。

(3) 模仿创新较多,缺乏原创。大部分医院技术创新模式还是以引进消化吸收先进的诊疗技术为主,比如从国外直接引进先进的医学科学技术和医疗设备。特定临床诊疗技术中原创性较少。

(4) 不注重知识产权的保护。医院临床科室业务繁忙,没有精力完成所有的技术创新,需要和其他机构合作,合作形式主要包括:产学研合作、院院合作和国际合作等。在这个过程中，临床科室通常不注意风险评价，在形成新的医疗创新成果时，缺乏专利或知识产权保护意识。

（5）不注重创新成果的转化和应用。有些创新点未考虑市场价值或市场价值小，没有转化价值。医务人员缺乏基本的意识及培训，医疗科技转化意识淡薄，无从转化创新成果。医院缺乏负责转化科技创新成果的专职人才和部门，另外转化率低的重要因素是欠缺转化平台。

完善的医学创新体系应该涵盖以下几方面：以理念创新为核心，技术创新为关键，以管理创新做动力，以文化创新为积淀，把服务创新作为根本，以完善的医学创新体系实现应用创新，并促进成果转化，从而引领医院发展，最终惠及广大患者。在医学创新中，要建立有效的创新机制，搭建创新平台，自己走出去、专家请进来，以临床为中心、以患者需求为导向、以解决疑难问题和复杂疾病为任务，组建方向性研究团队，通过多学科交叉、多技术融合以及多中心合作等形式聚集各方面力量推动医学创新。

以下以北京积水潭医院一些创新实践为基础探讨一下创新在引领医院发展中的巨大作用。

医用机器人在国际上是具高度创新技术的竞争领域。我们依靠十余年产学研医协同研发积累，依托北京积水潭医院“骨科机器人技术北京市重点实验室”和北京天智航技术有限公司“医用机器人北京市工程实验室”两大协同创新平台，与北京航空航天大学合作，成功研发出国际首台兼容多模影像的通用型骨科导航手术机器人系统，性能指标国际领先，实现学术和技术超越。十二年研发三代骨科机器人产品（2010、2012、2016 年），第三代机器人“天玑”是世界首台、目前唯一覆盖创伤及脊柱骨科的通用型手术机器人，推向市场后，取得良好的社会效益和经济效益，打破了中国高端医疗设备市场一直被外企垄断的局面。天智航公司也成为继“达芬奇”机器人之后全球第二家实现盈利的手术机器人企业，手术机器人“天玑”不久前在首届中国国际进口博览会上作为唯一医疗器械产品代表国家进行展示，习近平总书记亲自向外国元首推介。这正是在国家的支持下，通过临床医生、科研人员和国内企业的密切研发合作，不断创新，可持续开发出的拥有我国自主知识产权的高科技产品。我们遵循医工企联合转化的“三元素-三循环”机制。三元素指医、工、企，其中临床需求占据绝对的主导地位；三循环指：① 医-工研发循环——从临床医学出发，医工协同研发，产品实时反馈；② 工-企调控循环——市场需求导向，制造流程优化，产品技术服务；③ 医-企互促循环——产品临床实践，市场化推广，指导个体化医疗。

除了科技创新，下面再谈一下管理方面的一个创新点。积水潭医院借鉴国外临床科室经理（clinical manager）遴选经验，于 2012 年 9 月开始组织院内竞聘骨科科室行政主任助理。科室行政主任助理于 2013 年 1 月开始正式上岗,为科主任分担部门科室管理职责。使科主任从科室管理细节中解脱出来,把主要精力分配在科研、教学和科室建设管理上。行政主任助理能专业地对科室医疗、管理等领域进行系统化、标准化管理,参与科室 PDCA[即计划(plan)、实施(do)、检查(check)、处理(act)]的管理流程。医院制定了《行政主任助理绩效考核体系》对其进行考核。行政主任助理管理模式相较于临床科主任管理模式:理念上从以医疗安全为主到以科室绩效提升为主;管理上从以前的自我制、松散型为主到目标管理制、计划型为主,从院长管理型转变到绩效管理型。合作意识及交流的自觉性提高了,科室效率提升;综合效率提高后,医患评价也有进一步提升。以 2013—2017 年骨科科室绩效指标平均值与 2012 年进行对比发现:实行科室主任助理管理后,门诊量提高 35.27%,出院人数提高 27.95%,手术量提高 7.97%,平均住院日缩短 17.94%,药占比下降 0.61%,科室收益也有明显增长。

**田　伟**　医学博士、教授、主任医师、北京大学博士生导师、脊柱外科专家、北京积水潭医院院长。1983 年毕业于北京医科大学临床医学专业,1983 年至 1989 年在北京积水潭医院工作,1989 年至 1995 年在日本国立弘前大学完成博士后研究归国。1997 年创建北京积水潭医院脊柱外科。

以第一完成人领衔研发了具有完全自主知识产权的骨科手术机器人系统,获国家科学技术进步奖二等奖、北京市科学技术进步奖一等奖。荣获全国卫生计生系统先进工作者、全国创新争先奖、何梁何利基金科学与技术进步奖及北京学者称号等。兼任中华医学会骨科学分会第十届委员会主任委员、中华医学会骨科学分会第十一届委员会脊柱学组组长、中国生物医学工程学会医用机器人工程与临床应用分会主任委员、国际计算机辅助骨科学会主席、香港骨科学院荣誉院士、香港中文大学荣誉教授、亚太颈椎外科学会主席、亚太计算机辅助骨科学会主席和第十五届北京市人大代表等。

# 基于人工智能与医疗大数据的影像组学及其临床应用

田 捷

中国科学院自动化研究所

本报告主要围绕新兴的影像组学技术,从人工智能和医疗大数据对影像组学的促进作用、影像组学的国内外最新发展动态、影像组学的研究内容及影像组学的未来方向进行系统介绍。

2016年10月,中共中央国务院印发了《"健康中国2030"规划纲要》,提出到2030年,总体肿瘤5年生存率提高15%,国家对于肿瘤这一重大恶性疾病非常重视,进行了战略布局,并提出了定量的指标。2017年7月20日,中共中央国务院办公厅印发了《新一代人工智能发展规划》,该《规划》指出:研发人机协同临床智能诊疗方案,实现智能影像识别、病理分型和智能多学科会诊,指明了进行重大恶性疾病诊疗的新手段。因此,利用人工智能技术对肿瘤影像进行智能诊疗契合我国新时期健康领域的战略规划,是国家重大战略发展需求。

现在是发展智能医疗的有利时机,相对于以人脑和小数据为基础,以"望闻问切"为主要内容的传统医疗,智能医疗结合了人脑、大数据和人工智能,可以挖掘更深层的量化信息。我们处于信息变革的时代,医学大数据也在不断地增长和积累,平均每73天,医学数据量就会增长一倍。因此,基于医疗大数据的人工智能医疗必将辅助甚至改变传统的临床诊疗流程。国际影像战略策略研讨会副主席Donoso发表了一个观点:"人工智能是否会完全替代影像科医生无法下定论,但我们肯定的是,那些使用人工智能技术的影像科医生,势必会代替那些不使用人工智能技术的医生",说明影像科医生对于人工智能的认可。无论是北美放射学年会,还是欧洲放射学年会,都不断地在突出人工智能在影像学中的异军突起的作用。所以,未来的影像科医生,不仅仅要会看片子,还要从影像大数据中挖掘大量的潜在知识,学会利用人工智能技术,站在科技潮流的前端,不是惧怕新兴的人工智能技术,而是使用它,成为新时代的影像信息学专家!

近年来人工智能技术的迅速发展和医学影像数据的急剧增长催生了医学领域影像组学的发展。影像组学一般指使用计算机断层扫描(CT)、正电子发射断层扫描（PET）、磁共振成像（MRI）、超声（US）作为输入影像数据，将医学影像大数据转化为可挖掘的定量化特征，利用新兴的人工智能技术并融合基因、临床等多元信息在临床上进行疾病的辅助诊断、疗效评估和预后预测。影像组学融合临床、基因和影像大数据信息，基于人工智能技术为实现精准诊断提供了新机遇。

鉴于其临床应用前景，影像组学受到了包括国际学术界、著名科技公司在内的广泛关注，很多学术机构也开展了大量的影像组学研究工作。特别是在皮肤癌鉴别诊断、糖尿病视网膜病变检测、脑胶质瘤癌影像基因关联、结直肠癌诊疗一体化、肿瘤免疫治疗等领域的研究，显示了人工智能应用于医疗大数据的优势。国内学者紧跟影像组学的国际发展潮流，深入研究了影像组学所涉及的关键技术，并开展了相应临床应用。中国科学院分子影像重点实验室与全国多家三甲医院开展系统化的科研合作，利用影像组学技术在肿瘤大数据智能诊断、肿瘤治疗效果评估、肿瘤预后生存期预测等多个临床问题上实现了突破，相关结果分别发表在临床顶级期刊 *Journal of Clinical Oncology*、*Gut*、*Clinical Cancer Research* 上。

在肿瘤大数据智能诊断方面，以结直肠癌淋巴结转移术前预测为例，术前进行较准确的淋巴结转移判断是直肠癌临床诊疗中遇到的挑战性问题，中国科学院分子影像重点实验室与广东省人民医院放射科合作，对 500 余例结直肠癌患者数据，利用新兴的影像组学方法，将影像特征、临床病理特征相结合，构建并验证了基于影像组学标签的结直肠癌淋巴结转移术前预测模型。利用影像组学模型可以将淋巴结清扫的假阳性率从 70%降低到 30%，辅助临床医生进行结直肠癌的术前决策，具有重要的临床价值和应用前景。

在肿瘤治疗效果评估方面，以 EGFR 突变型非小细胞肺癌的靶向治疗疗效评估为例，针对临床上缺乏有效的 TKI 靶向治疗疗效预测的方法和手段的问题，中国科学院分子影像重点实验室联合上海肺科医院等 4 家医院开展多中心研究，对 314 例接受 TKI 治疗的四期 EGFR 突变型非小细胞肺癌患者的治疗前 CT 影像进行深度解析，构建影像组学预后标签对该类患者进行预后预测。结果显示，构建的影像组学模型可以将患者分为慢进展组和快进展组，根据两组患者的实际生存统计分析，模型区分出的快进展组相比慢进展组，其无进展生存期获益减少 50%，可见构建的影像组学模型可以有效预测患者 TKI 靶向治疗的预后，对于辅助四期 EGFR 突变型非小细胞肺癌患者的临床决策有指导价值。

在肿瘤预后生存期预测方面，以鼻咽癌的预后分析为例，针对临床医生难以有效预测鼻咽癌患者的预后致其错过最佳治疗时机的问题，中国科学院分子影像重点实验室联合广东省人民医院进行深入研究，利用 118 例晚期鼻咽癌患者的 MR 影像、临床及随访信息，构建影像组学模型预测患者治疗后的无进展生存期，相比常规临床指标，影像组学模型预测无进展生存期的准确度提高 10%以上，达到 70%以上的预测准确度，这对于晚期鼻咽癌患者的个体化治疗有重大的临床意义。

面对一系列临床问题，影像组学采用人工智能等方法对临床数据进行精准肿瘤分割标注、海量特征提取筛选和人工智能模型构建，从而实现临床辅助决策。中国科学院分子影像重点实验室在影像组学关键技术上也开展了深入的研究工作。在肿瘤分割方面，影像组学研究需要对病变肿瘤区域精准定位，而临床肿瘤影像数据量庞大，手工勾画肿瘤边缘费时费力且主观性较强，因此开发自动精准的肿瘤分割算法尤为重要。中国科学院分子影像重点实验室提出了基于区域生长的肺结节半自动精准分割方法，在 LIDC 公开数据集 819 例数据上的测试准确度为 81. 57%，较之于水平集方法和图割方法，精度提高 14. 95%和 10. 18%。提出了中心池化卷积神经网络分割肺壁粘连等多种肺结节，在 LIDC 公开数据集 493 例肺结节上分割准确度为 82. 15%。在特征提取方面，对肿瘤的分割区域进行特征提取和筛选，将计算机定量特征、经验特征、文本信息、基因信息和病理信息相结合，全面量化肿瘤异质性，目前影像组学方法已经可以提取成千上万种不同的影像特征。在影像组学模型构建方面，特征提取后需要针对具体临床问题构建人工智能模型，建立计算机定量影像特征与所研究临床问题标签之间的分类模型。一方面可基于传统机器学习，基于高维手工设计特征进行特征选择，并构建影像特征与临床问题的分类模型。另一方面可基于人工神经网络，从影像大数据原始像素出发，自主挖掘与临床问题相关的影像组学特征，构建影像特征与临床问题的分类模型，研究表明深度学习和手工设计特征融合的分类模型可以提升分类精度。

在未来，影像组学领域将建立综合人工智能方法、数据资源平台、辅助诊断系统和共享交流平台，促进影像组学的深入临床应用。在人工智能方法方面，未来影像组学在卷积神经网络、迁移学习和博弈进化模型等方向具有较大发展前景，将在智能程度上逐步提高，同时对医疗数据的数据量需求降低。中国科学院分子影像重点实验室采用肺癌 CT 图像，在 128 万张自然图像预训练的深度神经网络上进行迁移学习，结果表明具有较好的诊断效果，优于影像组学模型和临床模型。近两年新兴的博弈进化模型，基于微量甚至零数据，可通过多种博弈方式应用于肿瘤诊疗。在数据资源平台方面，收集并融合多病种、多模态、多中心、多参数的数据，采用医学大数据标准化技术，构建多病种、多模态、多中心、多参数的医学影像数据资源平台，将是影像组学的发展趋势。本实验室制定了规范统一的医疗数据纳入排除标准，收集整合医学影像大数据，目前已构建了较大规模的多中心、多肿瘤、多模态肿瘤影像组学临床资源库，涵盖中国三大高发癌种，患者数据万余例。在辅助诊断系统方面，未来影像组学将朝着建立医学影像分析算法平台的方向发展。实验室建立了 MITK/3DMed 医学影像分析平台，可用于图像的重建、分割、配准和可视化，被德国莱比锡大学 Bohn 发表在 *Med Biol Eng Comput* 上的论文评为国际十大医学影像软件系统之一。另外，中国科学院分子影像重点实验室基于人工智能方法建立了诊断肺癌良恶性的影像组学软件，实现肺癌良恶性、TNM 分期的诊断，以及生存期预测，目前已经获得一批三甲医院支持，并在百余家基层医院进行推广应用。在共享交流平台方面，中国科学院分子影像重点实验室发布了影像组学共享交流网站平台 www. radiomics. net. cn，针对具体肿瘤临床问题，采用人工智能分析方法，构建诊疗分析预测模型，医工交叉、互补合作，综合利用医疗数据、专家知识和智能预测模型及诊疗软件，解决临床问题，实现源于临床、高于临床和回归临床，达到共赢发展。

**田　捷**　中国科学院分子影像重点实验室主任，教育部长江学者，曾获国家杰出青年科学基金。作为第一完成人两次获得国家科学技术进步奖，两次获得国家发明奖，曾获得何梁何利基金奖、全国创新争先奖。两次任科技部国家基础科学研究“973”项目首席科学家。

2014—2017 年连续四年入选 Elsevier 医学科学高被引学者榜单；H 指数 66（Google scholar）。兼任 *IEEE TMI*（医学影像汇刊）、*TBME*（生物医学工程汇刊）、*JBHI*（生物医学与健康信息学杂志）、*Eur J Rad*（欧洲放射学杂志）等多种国际期刊编委；是 IEEE（国际电子电器工程学会）、SPIE（国际光学工程学会）、IAMBE（国际生物医学工程学会）、AIMBE（美国生物医学工程学会）、OSA（美国光学会）、ISMRM（国际医用磁共振学会）和 IAPR（国际模式识别学会）的会士；兼任中国医师协会临床精准医学专委会副主任，中国医师协会超声分子影像与人工智能专委会主任。

# 微创瓣膜及支架新产品开发难点与技术突破

王云兵 杨 立

国家生物医学材料工程技术研究中心，四川大学

## 一、引 言

心血管疾病已成为人类健康的头号杀手，我国心血管疾病患者接近3亿人，每年因心血管疾病死亡的人数约为300万，占所有疾病致死总人数的45%。微创、高效、安全的介入治疗术已成为治疗心血管疾病的主要手段，在世界范围内形成了每年近500亿美元产值的心血管材料和器械产业，成为医疗器械行业中仅次于体外诊断的第二大市场[1]。2017年美国食品药品监督管理局（FDA）批准的心血管相关医疗器械占比高达50%，创新热点及产品不断[2]。微创介入治疗是一种新型的诊断与治疗心血管疾病的技术，在影像导引下进行，以微创伤把植入器械直接植入病变组织，无需开胸，因风险小、手术时间短、创伤小、恢复快已成为心血管疾病治疗的主流与趋势。目前，在心血管疾病微创介入治疗的新技术革命浪潮中，出现了两个市场前景极为广阔的代表性产品：经导管心脏瓣膜和全降解血管支架。本文重点介绍新一代全降解血管支架及新一代微创介入心脏瓣膜的研发进展、面临的挑战及前沿研究，为相关研究者提供参考。

## 二、新一代经导管心脏瓣膜研发进展及前沿研究

### 1. 心脏瓣膜研发进展

近几年经导管心脏瓣膜植入术（TAVI）产品开发在全球广泛开展，多个产品已获得上市批准，美国美敦力公司开发的自膨式CoreValve Evolut R经导管主动脉瓣膜置换系统于2015年获得FDA批准上市；美国爱德华生命科学公司的经导管心脏瓣膜Sapien XT和Sapien 3于2016年获得FDA批准上市。国内杭州启明公司与四川大学等合作开发的由抗钙化抗疲劳瓣膜材料制备的微创介入式主动脉瓣膜Venus-A是国内首个经导管微创介入人工生物心脏瓣膜产品，于2017年获得国家食品药品监督管理总局（CFDA）上市批准；苏州杰成公司的经心尖主动脉瓣介入瓣膜J-Valve于2017年获得CFDA批准上市；上海微创公司

的 VitaFlow 瓣膜,也已进入临床注册研究阶段。

**2. 心脏瓣膜前沿研究**

经导管心脏瓣膜植入术是目前创伤较小、风险较低的主动脉瓣疾病治疗方法,该方法给重度主动脉瓣狭窄患者,特别是不能耐受开胸手术的患者带来了生存希望。目前开发中的经导管主动脉瓣膜通常为用异种生物组织如猪心包、牛心包等制成的生物瓣膜。尽管近几年 TAVI 手术已在全球广泛开展,但这类瓣膜产品依然有进一步大幅优化的空间,其关键问题及研究热点主要体现在以下几个方面。

(1) 新型交联方式研究

当前临床上使用的生物瓣膜几乎均由戊二醛交联组织中的氨基制备而成,戊二醛固定的组织中残留的醛基会加速钙化,进而导致生物瓣膜的使用寿命有限,戊二醛固定时只能稳定组织中的胶原蛋白而难以稳定弹性蛋白,并且戊二醛残留物的存在有可能引起细胞毒性和炎症反应,其毒性和挥发性对操作人员的健康危害很大。因此,研究替代戊二醛的新型交联剂对于科学研究以及相关产业领域的发展具有重大意义。

在替代戊二醛的新型交联剂研究方面,我们通过多年潜心研究,发现通过在猪心包膜等生物组织上引入可聚合的不饱和基团,然后通过自由基聚合可得到交联后的生物组织,在此基础上,我们近期开发了丙烯酸酐以及甲基丙烯酸缩水甘油酯等新型交联体系[3]。研究结果表明,我们开发的这种新型交联生物瓣膜产物与传统戊二醛交联产物相比,细胞毒性更小,抗钙化性更好,材料总体力学性能更好。此外,我们还通过对羟基苯丙酸修饰猪或牛的心包膜引入酚羟基,然后在辣根过氧化物酶和过氧化氢的条件下引发酶交联或在 2,6-蒽二酚光引发剂以及光照条件下引发光交联,开发了新型酶交联以及光交联的生物瓣膜[4]。

(2) 生物瓣膜抗钙化研究

生物瓣膜钙化是影响生物瓣膜使用寿命的重要因素,钙盐沉积为其最显著的病理特征。虽然国内外对瓣膜的防钙化问题进行了深入研究并取得了一些进展,但是还不能从根本上解决人工生物瓣膜的钙化问题。传统生物瓣在临床中因钙化,引起瓣膜的狭窄和关闭不全,极大地影响了瓣膜的正常工作,这也是业界亟待解决的重大难题。

我们采用茶多酚氯化铁组合处理生物瓣膜材料,有效实现细胞外基质组分-弹性蛋白的稳定交联从而实现抗钙化[5]。将戊二醛交联的心包膜浸泡于弹性蛋白原和赖氨酰氧化酶水溶液中,可以在心包膜上实现弹性蛋白的原位交联,从而提升弹性蛋白的含量以及稳定性,可以抑制钙化[6]。生物瓣膜需要在植入瓣膜疾病患者之后有效工作十年以上,如何设计药物缓释系统确保弹性蛋白酶抑制剂能够在十年以上的有效服役期内发挥作用还值得探讨。

(3) 可预装式干燥瓣膜研究

现有的生物瓣膜需要在戊二醛溶液中保存,其潜在问题在应用过程中逐渐凸显,包括如下:需术前清洗和压握安装、储存运输条件苛刻、戊二醛残留、耐久性有限等。将瓣膜材料开发成脱离戊二醛溶液保存的干膜,可以实现拆开包装即时使用,一方面可满足临床上紧急瓣膜植入手术的需求,另一方面无需放置于戊二醛溶液中保存的干膜,可以减少戊二醛残留,增强瓣膜的耐久性。通过干化处理提前预装在输送系统上的预装式介入瓣膜是未来介入瓣膜的一个发展方向。我们发现,引入外源氨基供体,如精氨酸、赖氨酸等可为生物瓣膜提供额外的交联点,可以有效提高可预装干膜的韧性[7]。采用原位交联的方式制备水凝胶复合的生物瓣膜,在干燥状态下依然具有较好的弹性和柔韧性,在应力条件下不会发生永久变形,并在水中可以快速恢复原有形状。该项目也获得了国家重点研发计划的立项支持(2017YFC1104200)。

## 三、新一代生物可吸收全降解血管支架

### 1. 全降解血管支架研发进展

近年来,全降解血管支架的研究热点主要集中在全降解聚合物支架与全降解金属支架。两者通过特殊材料结构和物理径向与轴向取向结构的精密控制等,利用可降解生物材料制备,已经初步显示了较为优异的临床应用潜力。2016年美国雅培公司开发出的第一代全降解聚合物血管支架 Absorb GT1™ 在美国获批上市,虽然作为第一代产品还有很多需要进一步优化完善的地方,但这是全球首个能完全被人体吸收的全降解药物涂层聚合物血管支架,代表了心脑血管疾病介入治疗的未来发展方向。除此之外,美国 Elixir、Amaranth、REVA Medical 等公司及日本的 Kyoto Medical 等公司均积极开展了全降解聚合物支架研发。德国 Biotronik GmbH 公司的全降解镁合金支架 Magmaris 通过特殊合金控制和表面材料控制,已克服了传统镁合金材料在降解性、强度及韧性等方面的不足,在2016年获得欧洲市场准入。在我国,全降解支架已被列入国务院《中国制造2025》,得到国家政策的大力支持。包括乐普(北京)医疗器械股份有限公司、山东华安阳光国际贸易有限公司、上海微创医疗器械(集团)有限公司、北京阿迈特医疗器械有限公司、四川兴泰普乐医疗科技有限公司等多家国内公司相继开展心血管支架产品的开发,正处于取得实质性突破的边缘。深圳先健科技公司则在国际上率先开发出全降解铁合金血管支架。北京美中双和医疗器械有限公

司、江苏沣沅医疗器械有限公司等公司开展了可降解镁合金支架研究。

### 2. 全降解支架前沿研究

目前，国外全降解支架在大规模临床应用中出现了一些不良事件，研究表明很可能与支架贴壁不良、扩张当中发生断裂及支架晚期降解碎裂脱落有关，针对这些问题急需解决三大关键技术难题：一是诱导血管组织再生修复能力不足，难以实现对病变血管结构和功能的原位再生修复；二是降解过程中动态支撑性能和血管生理重建过程匹配度不够，难以提供血管组织再生修复的理想环境；三是覆盖血管支架的血管组织再生层支撑能力不足，导致支架晚期降解碎裂时覆盖保护能力不足。基于此则需要从支架本体材料及设计、支架加工工艺的改进、支架载药涂层的优化设计等方面开展研究。

需要特别指出的是：目前临床上大规模使用的药物涂层金属血管支架起到的是一个永久支撑的作用，支架一旦植入扩张后，结构形状等不再发生改变，因此临床要求管腔丢失越小越好，换言之，支架植入后除了要求在支架表面形成一层薄薄的内皮层之外，新生内膜厚度越小越好。然而，全降解血管支架植入后，如果在支架表面形成的新生血管组织厚度太薄，当支架降解发生碎裂脱落时，有可能发生少量脱落至血管中的风险，进而造成有可能发生的晚期血栓事件，这是全降解血管支架开发中面临的一个特殊挑战，在永久金属支架开发中基本不会遇到此类问题。因而全降解血管支架产品开发应用成功的一个关键因素还依赖于产品质量评判规则的改变，不能再套用药物涂层金属支架设计所要求的管腔丢失越小越好的标准，否则不但难以实现血管组织再生，反而会导致晚期血栓等不良事件发生。此外，全降解血管支架设计中通常仍沿用已有药物洗脱支架的涂层设计策略，现有支架涂层常常在阻碍内膜过度增生同时又妨碍内皮的全面功能与结构再生，因此仍然有可能导致由于内皮覆盖层再生不足引起的晚期血栓发生。通过对载药涂层进行进一步的优化或表面改性，加速血管内皮化完成，也是实现血管组织结构与功能完美再生的必备条件之一。

在国家重点研发计划（2016YFC1102200）的立项支持下，我们在实践中发现从分子拓扑结构、化学物理结构等多方面研究聚乳酸材料的力学性能和降解性能，采用共聚共混和梯度拉伸扩张等改进方法，结合有限元分析优化支架结构设计，以及表面多功能涂层时序性量化控释技术应用，可制备和筛选出满足临床要求的具有良好径向支撑力、韧性，降解时间更优化，血管组织原位再生能力更强的全降解功能性活性物质涂层聚合物支架，此类支架具有更大后扩直径（图1A）、更牢固的附着性、更小的预装直径，给医生预留操作空间，减小贴壁不良或扩张断裂的不良风险；同时具备更优化的降解周期，血管组织重构与再生可在支架植入两年内基本完成(图 1B)。

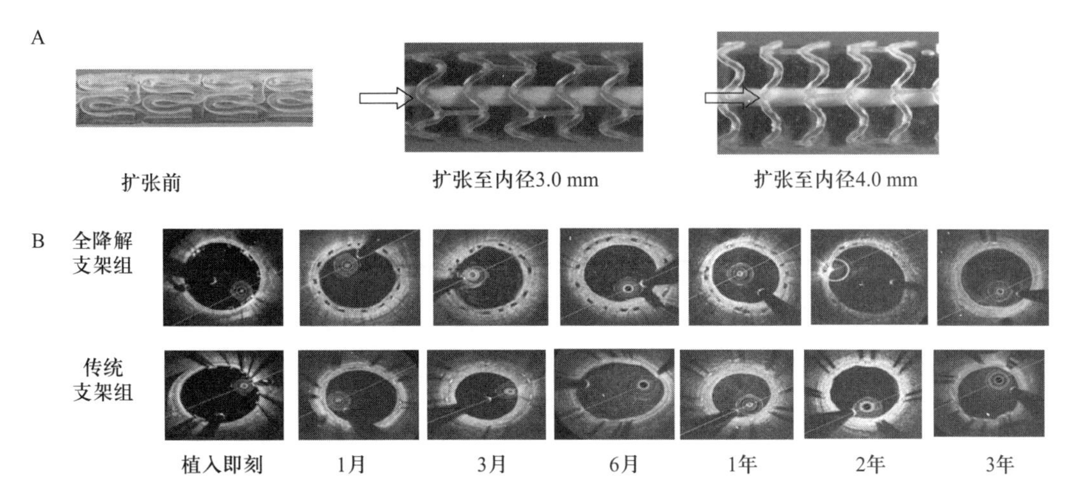


**图 1 全降解功能性活性物质涂层聚合物支架**

A:支架具有更大的扩张直径(设计尺寸为 3.0 mm 的支架可像金属支架一样,扩张至 4.0 mm 以上);B:大规模动物试验结果

## 四、展 望

开发使用更简便、手术风险更低、使用寿命更长、抗钙化性能更好,具有抗凝血、可预装的新一代微创介入式心脏瓣膜材料及器械产品已成为近年来瓣膜研发的趋势。生物可吸收全降解血管支架可在血管完成重建后,在体内被逐步降解吸收,从而避免永久支架引起的并发症和极晚期血栓等一系列问题, 也是近年来介入器械领域研究开发的热点。因此,随着未来性能更优化的新一代全降解血管支架及心脏瓣膜产品的上市,不仅会为千千万万患者带来益处和希望,而且对于培育我国战略新兴产业,转变经济发展方式,保障全民健康具有重要的战略意义。

## 参考文献

[1] Evaluate MedTech 2017.

[2] EP Vantage 2018.

[3] Guo G,Jin L, Jin W, et al. Radical polymerization-crosslinking method for improving extracellular matrix stability in bioprosthetic heart valves with reduced potential for calcification and inflammatory response. Acta Biomater, 2018,82: 44.

[4] Lei Y,Yang L, Guo J, et al. EGCG and enzymatic cross-linking combined treatments for improving elastin stability and reducing calcification in bioprosthetic heart valves: EGCG and enzymatic cross-linking combined treatments. J Biomed Mater Res B Appl Biomater,

2018. https://doi. org/10. 1002/jbm. b. 34247

[5] Jin W, Guo G, Chen L, et al. Elastin stabilization through polyphenol and ferric chloride combined treatment for the enhancement of bioprosthetic heart valve anticalcification. Artif Organs, 2018, 42:1062.

[6] Lei Y, Xia Y, and Wang Y. The tropoelastin and lysyl oxidase treatments increased the content of insoluble elastin in bioprosthetic heart valves. J Biomater Appl, 2018, 33:637.

[7] Lei Y, Jin W, Luo R, et al. Bioprosthetic heart valves' structural integrity improvement through exogenous amino donor treatments. J Mater Res, 2018, 33(17): 1-10.

**王云兵** 国家生物医学材料工程技术研究中心主任,国家有突出贡献中青年专家,国家千人计划特聘专家,中国生物材料学会副理事长,四川大学生物材料工程技术中心主任。王云兵教授在用于心脑血管疾病、糖尿病和眼科疾病治疗的相关生物材料及植入器械领域拥有丰富的基础研究和应用开发研究经验。在美敦力、雅培、波士顿科学、库博眼科等多家国际知名医疗器械企业工作期间,负责开发过多个全球首创产品,取得了国际上糖尿病治疗和心脑血管疾病介入治疗等领域产品应用研究的重大关键技术突破。在植入医疗器械应用研究领域已申报美国及欧洲等专利近300项(第一发明人约200项),其中150多项已获正式授权。

# 数据智能、数理医学及其在肿瘤精准诊疗中的应用

孔德兴

浙江大学

## 一、引　言

人民健康是国计民生的大事,是经济、社会发展的基础。实现国民健康长寿,是国家富强、民族振兴、大众幸福的重要标志,是实现"中国梦"和"健康中国"的重要组成部分。健康中国呼唤智能诊疗。智能诊疗是一个多学科交叉的前沿技术,需要医学、信息、统计学和数学等学科协同合作和推进。特别地,智能诊疗离不开医学大数据。

## 二、医学大数据

### 1. 基本概念

大数据是一种规模大到在获取、存储、管理、分析方面大大超出传统数据库软件工具能力范围的数据集合,具有数据规模大、数据流转快、数据类型多和价值密度低四大特征。医学大数据指医院和医疗行业的大数据,主要包括电子病历、各种检验化验数据、医学影像、视频(教学、监控)以及文献等数据;由于这些数据增长很快且结构复杂,给数据管理和利用带来较大的压力,存储与管理成本不断提高,数据利用困难、利用率低;一些医院或企业等单位都具有相当规模的数据库,所有这些数据库为医学大数据及人工智能的研究提供了丰富的数据资源,如目前由国家卫生和健康委员会主导建立的国家医学图像数据库,包括超声图像库、CT库、MRI库等。

### 2. 基本原理

大数据具有下述几个方面的特征:

(1) 广义协变性原理:描述的"客观对象"不随不同模态数据的表示而改变。

(2) 相对性大数原理:大数据的“大”是一个相对的概念,数据蕴含的知识与信息具有量变产生质变的特点。换句话说,反映真实世界的碎片化的数据量达到一定规模,就可以从一定程度上反映其真实面貌。

(3) 整体性原理:数据通常是以多节点分布式存储,所有这些数据构成一个整体,综合利用、分析、挖掘这些数据,将产生巨大应用价值,同时也提出一系列亟待解决的科学问题。

(4) 重整化原理:数据可以重新整理并加以利用,比如:可复制、可多次标注、可加工等,使得数据放大其价值。

### 3. 研究现状

数据科学是由数据收集、处理平台、分析技术及产品应用四个部分组成:数据是基础、平台是支撑、分析是核心、产品应用是根本。近年来科学界与产业界都开展了广泛的探索与实践,取得一批令人振奋的结果:① 比如以压缩感知为代表的处理高维数据的稀疏性理论与方法;② 以卷积神经网络为代表的深度学习算法;③ 以经验级联贝叶斯(EHB)方法为代表的结构发现方法;④ 以 hadoop、spark、参数服务器为代表的分布式计算架构等。但总体来说,目前研究偏重具体案例、应用与实践方面探索,缺少对科学问题的系统研究,核心基础和共性技术尚未建立起来。

## 三、人 工 智 能

### 1. 基本概念

人工智能(artificial intelligence,AI)为机器赋予人的智能(图灵测试),不同于常识中的人类智能。机器学习是一种实现人工智能的方法,而深度学习是一种实现机器学习的技术。深度学习由 Hinton 等于 2006 年提出,其动机在于建立、模拟人脑进行分析学习的神经网络,它模仿人脑的机制来解释数据,例如:图像、声音和文本。人工智能离不开大数据,深度学习和大数据密切相关,其源于人工神经网络研究。深度学习的要素包括高质量的样本集、卷积神经网络和 FPGA、GPU 等,它通过组合低层特征形成更加抽象的高层表示属性类别或特征,以发现数据的分布式特征表示。Lecun 等提出的卷积神经网络是第一个真正多层结构学习算法,它利用空间相对关系减少参数数目以提高训练性能。数据智能基于大数据引擎,通过大规模机器学习和深度学习等技术,对海量的数据进行处理、分析和挖掘,提取数据中所包含的有价值的信息和知识,使数据具有“智能”,并通过建立模型寻求现有问题的解决方案以及实现预测等。

### 2. 国内外发展动态

医学人工智能主要包括下列几个方面：AI+医学影像（辅助诊断）；AI+病理分析；AI+风险预测（心血管疾病等）；AI+辅助诊疗（比如 IBM Watson 系统）；AI+精准手术（活体肝移植）；AI+药物挖掘；AI+健康管理（虚拟护士）；AI+智能智造（比如 DE-超声机器人）等。美国、英国、欧盟、日本、韩国已开展布局人工智能；国内也出台了多项政策发展人工智能。

## 四、精准诊疗、数理医学及临床应用

### 1. 精准医学的定义及特征

精准医学是以个体化医疗为基础，随着基因组测序技术快速进步以及生物信息与大数据科学的交叉应用而发展起来的新型医学概念与医疗模式。其本质是通过基因组、蛋白质组等组学技术和医学前沿技术，对大样本人群与特定疾病类型进行生物标记物的分析与鉴定、验证与应用，从而精确寻找到疾病的原因和治疗的靶点，并对一种疾病不同状态和过程进行精确分类，最终实现对于疾病和特定患者进行个体化精准治疗的目的，提高疾病诊治与预防的效益。

### 2. 影像分析

精准诊疗离不开医学影像，而医学影像分析与处理是其关键，贯穿于整个医疗过程：从疾病的筛查、发现、病理分析与诊断，到病灶组织的定位、形状确定、术前评估、手术方案设计以及疗效评估等阶段。准确的医学影像分析和处理有助于医生预测各种疾病的发生与演变，揭示疾病等的发生机理，帮助医生制定准确的医疗方案，大大降低手术风险。

影像分析是智能诊疗的基本手段，其基本问题是配准［按照“拓扑对应”和“几何对齐”在两幅或多幅图像中建立对应关系（在某种相似度量下）］、分割［按照某种同质性准则，将图像中感兴趣的区域与特定目标相互区分（病灶、器官、组织分离）］、识别［对特定区域的生物属性（如肿瘤的良恶性）进行辨识］。目前，影像分析与智能诊疗的基本模式仍是“经验+案例”，医学影像分析主要基于图像处理方法（基于计算机视觉方法）；基于深度学习的人工智能辅助诊断系统成为热点，已有少量成功案例。总体来说，其受到广泛关注，有一定进展；但基本问题没有解决，理论、技术、方法尚未取得重大突破，离临床应用距离尚远。

### 3. 数理医学

数理医学不仅是一门关于数学、物理学与医学相交叉的交叉学科,同时它还涉及计算机科学、信息论及大数据科学等。其目的包括(但不限于):重构人体内部组织器官、病灶区等的几何形状,各种组织、血管等的相对位置,以及各种解剖信息的定量描述;预测各种疾病的发生与演变;刻画疾病的发生机理;预估治疗效果和生存预后;揭示医学学科的内在规律,帮助医生制定准确的个体化医疗方案,从而达到为每个患者造福的终极目标。数字医学偏向信息,而数理医学偏向科学。数理医学是一门新兴的交叉学科,是精准医疗的基础与核心;基于数理医学的医学影像计算机辅助诊断是未来发展的重要方向之一。“大数据”的核心是:将数学算法运用到海量数据上,预测事件发生的可能性。

### 4. 临床应用

精准诊疗在智能辅助筛查、诊断,精准手术(活体肝移植、外科手术等),微创手术(微波/射频消融、粒子植入等)、无创治疗(放疗、化疗、基因药物治疗等)领域展现其独特优势。

(1) 智能辅助筛查、诊断

虚拟肠镜技术在北美和日本被广泛采用(中国尚未普及),主要是因为该技术的普及能够提高早期直肠癌的诊断率及肠镜手术的安全性,降低漏检率和死亡率,以及人力成本。

膀胱癌最主要的特征是:膀胱壁变厚,同时内壁不光滑,出现菜花状的几何纹理。这些病理特征可以用虚拟膀胱镜的定量得到。传统膀胱镜的方法使患者承受很大的痛苦,而虚拟膀胱镜的方法极大地减轻病患的疼痛,因而具有明显优势。

超声机器人对甲状腺结节诊断的平均准确率可达 95%,区分良恶性的平均准确率在 85%以上。该系统目前在多家三甲医院以及多家基层医院(比如杭州市西湖区蒋村街道社区卫生服务中心等)试应用。2016 年 2 月 14 日,中央电视台《走近科学》栏目进行了重点报道。

(2) 精准手术

浙江大学第一附属医院与印尼联合肝移植中心于 2010 年应用我们开发的系统,准确实现术前评估和计算机辅助设计手术方案,成功完成肿瘤精准切除。此例是中国活体肝移植手术首次走出国门的手术、影响深远。另外,我们参与了由中华医学会数字医学分会、中国研究型医院学会数字医学临床外科专业委员会发布的《复杂性肝脏肿瘤三维可视化精准诊治专家共识》《肝胆管结石三维可视化精准诊治专家共识》《肝门部胆管癌三维可视化精准诊治专家共识》等的制定。

举一个例子说明：一名37岁胰头肿瘤患者，被多家医院诊断为胰头癌晚期，肿瘤侵犯大血管，无法切除。通过医学影像分析系统发现：肿瘤未侵犯大血管，仅为局部压迫，可手术对肿瘤进行根治切除。故采用仿真模拟手术方案，成功完成手术且术后恢复良好。这是一种将3D卷积神经网络和几何分析、偏微分方程、图割法相结合的新型图像分析方法；该方法精度高，处理速度快。在此基础上，开发出“腹部医学影像处理系统”。该系统已在多家医院取得成功应用，挽救多名患者的生命。

（3）临床意义

基于数据智能、数理医学开发出的医学影像精准分析系统，在临床诊疗中具有下述意义：① 精准性：将肿瘤治疗从依赖二维图像的经验模式转变为三维、可量化、数字化模式，显著提高了治疗的精准性；② 适应证：打破传统消融禁区，利用软件平台寻找可视化的科学穿刺进针路径，扩大了消融的适应证；③ 并发症：精准规划穿刺入路和穿刺部位，实现肿瘤的精准适形消融，提高疗效，降低并发症的发生率；④ 可预知性与可调控性：数理医学结合可快速精准量化的各种参数并模拟手术过程，实现消融治疗的可预知性和可调控性；⑤ 诊疗费用：科学布针，实现三维空间上对肿瘤的一次完全覆盖，减少用针数量，降低费用；⑥ 社会效益：便于与患者、家属沟通，减少医患矛盾，社会效益显著；⑦ 教学与培训：为教学模拟、仿真教学培训提供了可能，有望成为培训年轻医生手术模拟训练的平台；⑧ 其他方面：精准肝脏、泌尿系统等外科切除术；可以推广至放疗、化疗等领域。

## 五、挑战与建议

虽然在医学人工智能方面，已经取得了一些进展，但还面临许多挑战：数据的合法化与合格性、技术的理论基础、系统的安全性与法律责任等。因此，我们提出如下几点建议：

（1）建议国家尽快出台关于数据使用的法律、法规，制定医学数据国家标准，包括数据采集标准、数据标注标准等。

（2）建议国家相关部门尽快建立人工智能医疗器械使用及监管的相关法律与法规，以便相关企业向国家食品药品监督管理总局医疗器械审评中心申请产品使用许可证。

（3）建议政府相关部门、医院、企业组成协调小组，推进医疗人工智能产品在医院，特别是基层医院试应用，助力推进国家分级诊疗政策落实，早日让广大人民群众享受优质医疗服务。

(4) 建议企业联合高校与科研院所以及医院,积极研发基于器官等系统思维的智能诊疗产品,切实解决临床问题。

(5) 建议加强人工智能基础算法、基础理论的研究,解决目前深度学习的不足,突破深度学习的局限性,让相关产品真正应用于临床。

**孔德兴** 浙江大学求是特聘教授、博士生导师,浙江大学应用数学研究所所长,浙江大学理学部图像处理研发中心主任,浙江大学附属第一医院双聘教授。

兼任中国人民解放军总医院(北京301医院)客座教授、中国人民解放军国防科技大学客座教授、英国诺森比亚大学(Northumbria University)客座教授等职;中国医学装备人工智能联盟专家委员会委员、中国生物医学工程学会医学人工智能分会首届副主任委员、中国兵工学会应用数学专业委员会副主任委员、中国医学装备协会超声装备技术分会大数据与人工智能专委会主任委员、浙江省数理医学学会理事长等;国家自然科学基金委员会重大项目、创新群体等项目(会评)评审专家;国家卫生计生委能力建设和继续教育中心国家医学图像数据库工作组副组长;浙江省自然科学基金委员会—浙江省数理医学学会联合基金管理组组长、专家组组长。

曾任理论物理国际中心(意大利)访问科学家、日本学术振兴会特别研究员、香港城市大学特约教授、德国 Einstein 研究所访问教授、美国纽约大学 Courant 数学研究所访问学者等职。

截至目前,在国际著名学术期刊上发表学术论文130多篇,申请国家发明专利22项(目前授权7项、15项公告中)。承担包括国家自然科学基金重大研究计划集成项目在内的多项国家自然科学基金项目以及浙江省重大科技专项等项目。

# 人工血管的前沿进展

**欧阳晨曦　严　拓**

中国医学科学院阜外医院

## 一、引　　言

随着中国步入老龄化社会，心血管疾病已经超过肿瘤，成为城乡居民首位致死疾病。据统计，全球每年约有 1600 万人因心脑血管疾病死亡，而中国高血压患者人数高达一亿多，且人数仍呈上升趋势。在心血管疾病中，由外伤、主动脉夹层以及腹（胸）主动脉瘤等造成的人体血管损坏是无法靠药物治愈的，需要及时对破损血管实施置换、搭桥或是修补类手术治疗。在传统手术方法中通常会采用自体其他部位血管进行替代移植，自体血管虽然不存在免疫排斥反应等问题，但也受血管管径不匹配、数量有限、患者创伤大等因素的限制。因此，人工血管植入术成为目前心血管疾病重要的解决方案之一。为了得到理想的人工血管产品，人类经历了漫长的探索，最初的研发始于 20 世纪初，人们尝试过金属、维纶、玻璃等各类管状材料进行实验。现阶段，已有膨体聚四氟乙烯（ePTFE）、聚氨酯、涤纶等高分子材料制作的人工血管实现了商品化[1,2]，但仍存在小口径血管（内径≤3 mm）通畅率不高、血管材料相容性不佳等问题，各国学者们仍然在材料学、组织工程学、流体动力学等多学科领域进行不断的探索，以期取得更大的突破，造福人类。

## 二、人工血管市场分析

目前应用在临床手术中的人工血管，按照制作方法的不同大致可分为编织型和非编织型两类，市售人工血管内径通常在 4～36 mm 之间。膨体聚四氟乙烯人造血管是最常见的一类非编织型人造血管。将聚四氟乙烯原材料与助剂混合成糊状膏体后，经过双向或多向拉伸热定型后制得膨体聚四氟乙烯人造血管。ePTFE 内的纤维结构之间相互连接形成一种纤维－节（node-fibril）网状结构，其内微孔结构直径在 30 nm 左右，这种纳米多孔结构可促进体内组织及细胞渗入及生长，促进血管内皮化[3]。与其他材料人造血管相比，ePTFE 人造血管抗血栓性能更优，植入体内炎症反应轻，可承受一定压力，但顺应性较差。目前市场上应用较多的非编织型人造血管主要来自国外,这些产品都具有高孔隙率、稳定性好、应用广泛等特点,据报道,Gore-Tex 人造血管的孔隙率可以达到 76%[4]。

近年来,Gore 公司在其纯膨体聚四氟乙烯 Gore-Tex 基础上又开发出了两款改进型产品 Proapaten 和 Acuseal,并获得了中国国家食品药品监督管理总局批准上市。两款产品在人工血管材料纯膨体聚四氟乙烯表面采用涂层技术,引入了肝素抗凝涂层 CBAS,极大地提高了人工血管的抗血栓性和通畅率。其中 Acuseal 人工血管还在膨体聚四氟乙烯材料中间引入了硅胶层,增加了人工血管的耐穿刺性。Proapaten 人工血管于 2000 年第一次植入人体,截至目前全世界已经植入超过 100 000 根[5]。有报道指出,Proapaten 人工血管在膝下(below-knee)的植入一年通畅率达到 70%以上[6-8]。

编织型人造血管一般由聚酯涤纶材料经过编织而成,内径多在 10~36 mm 之间。聚酯涤纶化学名为聚对苯二甲酸乙二酯(poly-ethyleneterephthalate, PET),相对分子质量为 15 000~20 000,为高度结晶性聚合物,具有高强度、高柔软性、回弹性优异、吸水率极低等特点。

截至 2017 年,已经有数十个人造血管产品在中国获得了批准,表 1 列举了目前中国市场主要的人造血管供应商。

**表 1　中国市场主要的人造血管供应商**

| 序号 | 商品名 | 生产厂商 | 备注 |
|---|---|---|---|
| 1 | Gore-tex | 进口 | |
| 2 | Proapaten | 戈尔(Gore) | 进口 |
| 3 | Acuseal | 进口 | |
| 4 | Hemothes | 上海索康 | 国产 |
| 5 | Vascutek | 泰尔茂(Terumo) | 进口 |
| 6 | 双绒编织人造血管 Hemashield Platinum Double Velour Vascular Graft | 迈柯唯(Maquet) | 进口 |
| 7 | Vascular graft | 巴德(Bard) | 进口 |

从表 1 可以看出,目前中国市场上人造血管产品主要依赖进口,市场完全由国外厂商主导,产品售价均在 1~4 万元人民币不等,总体而言市场价格偏高。根据中国生物医学工程学会发布的数据,中国大血管手术量由 2013 年的 9032 例,占心脏总手术量的 4.34%增长至 2017 年的 19 585 例,占心脏总手术量的 8.48%,年均复合增长率超过 16.74%。

基于目前国内人造血管的市场情况,对我国人工血管研究进展起制约作用的主要有以下三个因素:① 受国内材料科学,特别是高分子聚合物材料的发展限制,用于制作人工血管的高分子材料需要具备优良的生物相容性与组织相容性,而国产高分子材料在此方面与进口材料存在较大差距;② 人工血管的研发需要融合医学、材料科学、纺织工程以及生物组织工程等学科,各学科研究者们需要主动打破学科间门槛,通力合作,各自取长补短,共同在人工血管研究上实现突破;③ 缺乏对人工血管在体内力学性能进行分析研究的有效手段,只能观察并依据短期内人工血管动物实验的结果进行实验,缺乏体内长期评价手段及机制。

## 三、人工血管新技术

虽然传统的人工血管产品已经在市场上应用多年,但血栓率高、组织相容性不佳等问题依然存在,特别是小口径人工血管(内径≤4 mm)尚未有令人满意的产品推出。所以如何解决人工血管,特别是小口径人工血管的抗凝血、抗组织增生、抗炎性反应等问题一直是研究的热点。目前很多新的研究方向,如生物涂层技术、静电纺丝技术、组织工程等已经逐渐成为人工血管的研究热点领域。人工血管作为三类植入医疗器械,应该具有对机体无毒性、生物及血液相容性良好、良好的力学强度以及可促进细胞黏附增殖的多孔结构等优点。以下将按照动物源脱细胞基质技术、静电纺丝技术、组织工程以及生物涂层技术四个方向进行论述。

### 1. 动物源脱细胞基质技术

动物源脱细胞基质技术是将动物血管、肠系膜等天然材料利用高速离心、超声、蛋白酶(DNA 酶)等将材料原有实质细胞清除,仅保存材料管状框架结构,是一种优良的组织工程血管材料。脱细胞基质人工血管一方面完整地保留了细胞外基质所具有的三维结构,另一方面由于去除了细胞以及表面抗原决定簇,有效地减少了其免疫原性。这种材料在人工血管领域具有广泛的应用前景,也是组织工程人工血管的研究热点之一。

涂秋芬等用多聚环氧化合物对犬主动脉进行了一系列的脱细胞处理,制备出一种脱细胞血管支架,随后在其表面接种平滑肌细胞(SMC)及血管内皮细胞(EC)[9]。研究表明:这种脱细胞人造血管能够有效保持血管力学性能,且具有优良的细胞相容性,SMC 及 EC 两种细胞能在其上生长良好,可形成密度均匀的细胞层。

冉峰等将兔腹主动脉取出后通过 TBS 浸洗、DNA 酶处理及 RNA 酶处理去除细胞后制成保留有胶原纤维、弹力纤维的脱细胞人工血管支架,随后将体外抽提培养的兔骨髓间充质干细胞(BMSCs)作为种子细胞静态种植在脱细胞支架后继续进行培养,构建出一种新型组织工程血管,最后移植至提供了种子细胞的兔体内[10]。实验结果显示,该脱细胞基质人工血管有着与天然动脉血管相似的外、中、内三层结构,植入兔子体内 90 天后,内皮细胞在其上附着良好,血管通畅率为 90%,显著高于未经处理的异体血管。

武欣等用去垢剂及酶处理的方法将猪颈动脉进行脱细胞处理制备成血管支架,在其上培养犬骨髓间充质干细胞诱导分化的 ECs[11]。实验结果表明,这种脱细胞人造血管的孔隙率高达 94. 93%,显著高于自然血管,且该支架具有良好的力学性能,爆破强度及缝合耐受强度与自然血管无统计学差异。

Schneider 等将一组从胎盘绒毛中分离出来的血管用 1% Triton×100 和乙二胺四乙酸(EDTA)溶液进行脱细胞处理,另一组用十二烷基硫酸钠(SDS)和 EDTA 在室温下浸泡 20 小时进行脱细胞处理,随后在这两组血管中接枝肝素增加抗凝作用[12]。他们分别对这两种人工血管进行了生物力学、体外生物相容性、植入大鼠体内动物实验等研究。研究表明,这两组脱细胞处理人工血管均具有良好的生物相容性和低免疫毒性,植入体内一个月后血管通畅率达到 100%,大鼠无炎症及免疫反应,血管未产生血栓、动脉瘤及破裂,血管与周围组织相容性良好。两组人工血管上均有组织特异性细胞迁移,表明人胎盘脱细胞血管可作为人工血管的替代材料。

Hiroki 等将大鼠尾动脉用超高水压方式进行脱细胞处理后,用合成肽对脱细胞基质人工血管进行修饰以诱导内皮细胞化。超高压法有效地保留了血管的细胞外基质结构。将这种人工血管移植入大鼠体内三周内即在血管表面形成了内皮化增生[13]。

综上所述,脱细胞基质作为一种生物材料,具有良好的生物相容性、组织相容性、低免疫毒性等特征,在血管重建与修复领域具有一定的应用前景。但仍然存在着许多问题亟待解决,例如脱细胞基质原材料来源单一、工艺周期较长、无法构建结构复杂的人工血管、植入后早期炎症反应等。相信在不远的将来,随着技术的革新,这些问题也会被逐一解决,脱细胞基质人工血管将会是血管修复领域主要治疗手段之一。

### 2. 静电纺丝技术

静电纺丝技术是利用高压静电场作用,使材料溶液形成带电的喷射流,并在电场中被拉伸,最后接收形成无纺状态的纳米纤维层。这种纤维层具有与人体组织细胞外基质(ECM)膜类似的结构,且具有高孔隙率等特点,有利于自体细胞的黏附、增殖,提高人工血管的生物相容性。

(1) 合成高分子材料

利用合成高分子材料进行人工血管研发历史悠久[14-17],聚己内酯、聚氨酯、聚乳酸等材料先后与高压静电纺丝技术结合用于人工血管研发制造。合成高分子材料质量稳定性强、工艺简单、来源可控、机械性能优良。目前,将静电纺丝技术与合成高分子材料结合进行人工血管研究和改良是人工血管领域热点之一。

Valence 等使用静电纺丝技术将聚己内酯(PCL)材料制作成一种含纳米纤维结构的多孔复合层管状支架血管[18]。他们对这种聚己内酯人工血管进行了物理及生物学测试,测试显示该人工血管力学性能可以与人自体血管媲美,并且具有促进血管内皮细胞再生的功能。

Li 等使用高压静电纺丝技术将聚碳酸酯聚氨酯(PCU)材料制作成一种人工血管,并在其表面采用等离子技术进行肝素接枝操作[19]。这种 PCU-Hep 人工血管有着高达 67.4%的孔隙率,满足了人工血管用于血管穿透的要求。血管中内层纤维直径在 300~500 nm 之间,透水率为 10.45±0.67 g/($cm^2$ · min),理想的透水率有利于细胞及生物活性分子的渗透,在一定程度上可满足血管正常生理功能需求。PCU-Hep 人工血管的径向断裂伸长率为 510%±29%,径向抗拉强度为 39.1±0.91 Mpa,轴向断裂伸长率为 257%±32%,抗拉强度为 21.84±0.98 MPa,具有理想的柔韧性和拉伸力学性能。动物实验显示将该人工血管植入体内后,在其内外表面均覆盖有一层薄薄的纤维膜,该纤维膜是由成纤维细胞、纤维细胞和胶原纤维组成,这些现象都说明 PCU-Hep 人工血管具有良好的生物相容性。

冯亚凯等将医用级脂肪族聚碳酸酯聚氨酯用二甲基甲酰胺(DMF)和四氢呋喃混合溶剂溶解,比较了两种溶剂不同体积比、静电压力,及聚氨酯浓度对静电纺丝效果的影响[20]。通过测试扫描电镜发现,两种溶剂体积比为 50%时,可以得到分布均匀无蛛丝的纤维结构薄膜。静电压力影响静电纺纤维直径,当压力位于 20~32 kV 时,可得到分布均匀的纤维,直径 420~720 nm。聚氨酯溶液浓度对纤维形态影响最大,低于 10%时易形成蛛丝状,大于 12%时纤维的平均直径很大,约 1840 nm。

(2) 天然高分子材料

与合成高分子材料相比,天然高分子材料一般具有细胞亲和性强、亲水性好、无毒以及生物相容性好等特点[21-24],高压静电纺丝技术中常常将天然高分子材料用作纺丝溶液进行加工制作。

He 等将纤维蛋白原蛋白利用静电纺丝技术与聚(L-乳酸)-co-聚(ε-己内酯)共纺组成复合纤维支架[25]。研究结果表明,通过调控二者比例,复合纤维支架具有可调控的降解速率,其抗拉强度和断裂应变也随之变化。同时,这种复合纤维支架还可为细胞附着、扩散和增殖提供良好的微环境。Wischke 等则对重组蛋白进行研究,使用静电纺丝技术制作出一种外层为聚己内酯、内层为弹性蛋白的双层人工血管,力学性能测试表明该人工血管与人胸内动脉具有相似的力学性能[26]。将该人工血管植入兔颈动脉 30 天后,对人工血管进行超声、造影等检测发现,该人工血管未发生破裂、吻合口开裂及血管管腔扩大等现象。

壳聚糖与丝素蛋白材料作为天然可降解高分子材料,因其良好的生物相容性,目前在血管组织工程研究中应用广泛[27,28]。Liu 等制备了新型可降解的壳聚糖-硫酸化丝素蛋白小口径人工血管,评估了该小口径人工血管旁路移植术后效果。研究结果表明,该新型可降解的小口径人工血管具有良好的血液相容性,且各项力学性能稳定,但血管吻合处易产生组织增生及纤维化,使得血管在移植早期易产生狭窄或者堵塞现象,尚需对其进一步改进[29]。

Catto 等将丝素蛋白用静高压电纺丝的方法制备成 1.5 mm 和 4.5 mm 口径人工血管,并且对比了大鼠主动脉及市售 Gore-Tex 同类型产品,结果表明,静电纺丝素蛋白血管具有更高的爆破强度和顺应性。血管表面呈纳米级孔洞分布,平滑肌细胞可在其上黏附及增殖,将其植入大鼠皮下 15 天后能很好地与大鼠组织细胞融合[30]。

(3) 复合材料

人们还广泛研究了用高压静电纺丝技术将天然高分子材料、合成高分子材料以及细胞基质材料等结合进行人工血管制备工作。

Richard 等使用同轴静电纺技术设计了一种具有芯-壳结构纳米纤维的人工血管,纤维内芯为聚己内酯,外壳为明胶[31]。研究表明这种人工血管的顺应性会随着芯-壳聚合物浓度的变化而变化。与纯 PCL 纤维表面结构相比,PCL/明胶芯-壳表面结构能更好地抑制血小板黏附及活化,具有更优的抗凝效果。他们还模拟自体动脉血管结构在这种 PCL/明胶外增加 PCL 增强层以提高人工血管顺应性和抗弯折性。这种复合结构人工血管的爆破压力高于 1000 mmHg,动态顺应性为 16.2%,力学性能远优于自体颈动脉血管。将这种复合结构人工血管植入体内 3 个月后,仅在血管内壁较薄处发生了轻微的狭窄,其他区域血流正常。超声影像检测以及组织分析检测均表明在 PCL/明胶外复合较薄的 PCL 层,除了能够拥有更高的顺应性及抗弯折性之外,还能增加血流,使管腔缩小和纤维化程度最小。Zhang 等也采用同轴静电纺工艺,内核为聚己内酯,外层为胶原蛋白,将胶原蛋白/聚己内酯制作成纳米纤维支架,并将这种纤维支架与胶原涂层聚己内酯纤维基做对比研究[32]。Fukunishi 等用聚己内酯和壳聚糖(CS)共混溶液通过静电纺丝制备组织工程血管(TEVGs),并评估了使用快速降解材料制造小口径动脉 TEVG 的可行性。将 1.0 mm 和 5.0 mm 的 TEVGs 分别植入小鼠和绵羊体内 6 个月。结果表明，所有 1.0 mm 和 5.0 mm TEVGs 均没有血栓或动脉瘤形成，并且细胞外的沉积基质成分有弹性蛋白和胶原蛋白生成[33]。

除了将聚己内酯这种合成高分子材料与天然高分子明胶/胶原蛋白/壳聚糖等进行人工血管制备研究外，Gong 等则是采用静电纺丝技术将聚己内酯材料与脱细胞基质进行融合，设计了一种外层为聚己内酯纤维层，内层为自体血管进行脱细胞处理后的基质的人工血管，PCL 材料为其提供良好的机械性能，脱细胞支架则有效地提高了血管抗血栓能力[34]。

学者们还尝试着用三种及以上的材料进行静电纺丝人工血管制备研究。Yin 等用同轴静电纺的方式制作了一种具有肝素缓释功能的人工血管[35]。同轴静电纺制备的人工血管具有壳-芯结构，内核为肝素，外层为胶原蛋白/壳聚糖/聚己内酯，在室温下制成内径为 4 mm 的人工血管。研究表明，该人工血管的肝素封装率高达 75%，肝素可持续释放达 45 天，3 周后依然具有很好的抗血小板黏附性能，同时其力学性能也优于人体血管。Tan 等用静电纺丝技术制备了聚己内酯/明胶/聚乙烯醇（PVA）多孔人工血管，并进行了肝素接枝改性（图 1）。植入小鼠体内 8 周后具有良好的生物相容性，无明显炎症反应、溃烂及肿胀发生，并且可见毛细血管黏附在血管表面，说明这种多孔结构血管可促进内皮细胞化[36]。Xiang 等则是将聚己内酯/蛛丝蛋白/明胶混合液制备成静电纺管状支架后，检测这种血管的机械性能及生物相容性[37,38]。实验结果表明，这种复合管状材料孔隙率达到（86.2±2.9）%，纤维平均直径 166±85 nm，亲水性能良好。与非静电纺 PCL 管以及 PCL/蛛丝蛋白管相比较，这种复合管状支架更有利于内皮细胞黏附及增殖。

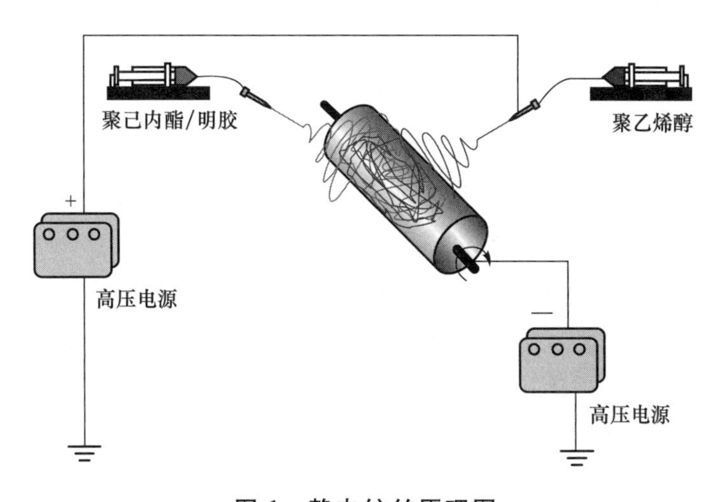


**图 1　静电纺丝原理图**

### 3. 组织工程

组织工程作为新兴交叉学科,重建组织和器官,是生命科学发展史上又一个里程碑,对现代再生医学的发展具有划时代意义的深远影响。组织工程从再生角度为血管修复提供了新的途径。组织工程血管为血管移植开辟了一种新的途径,组织工程血管是利用组织工程学方法,将血管种子细胞种植于天然或合成材料支架上,构建出从形态和功能都接近活体血管的组织工程化血管[39,40]。

(1) 天然高分子材料

Colla 等利用细菌纤维素,在内径 4 mm 的硅胶管中,使用甘露醇、酵母膏和蛋白胨作为培养基,细菌细胞在静态条件下培养 12 天,细菌纤维素围绕硅胶管形成管状结构,再通过氢氧化钠洗涤制备出一种人工血管[41]。拉伸实验结果表明,该人工血管的爆裂强度和人体血管强度 224±41 kPa 相当。Zang 等通过用聚二甲基硅氧烷(PDMS)作为管状模材料制备出细菌纤维素人工血管,实验结果显示其良好的生物相容性适合血管内皮细胞生长[42]。

Ravindra 等用壳聚糖-明胶的混合材料采用溶液浇铸法制备了模拟人体血管结构的双层组织工程支架,其具有多孔的内层,孔径为 100~230 μm,孔隙率约为 82%,细胞实验证明细胞可以在支架内生长与爬行,体外实验结果显示了该支架适合作为人工血管使用[43]。同样,Badhe 等也将壳聚糖-明胶混合材料用溶液浇铸法制备出一种可模拟人体血管的双层组织工程支架,其较好的力学性能和弹性强度有利于减少生物降解;细胞实验证明微孔结构的内层,孔径为 100~230 μm,孔隙率约为 82%,有利于细胞在支架内生长与爬行,体外实验结果显示该支架适合作为人工血管使用[44]。

Aper 等利用高度压缩纤维蛋白基质制备了组织工程化血管,该血管在植入绵羊体内 6 个月取材,发现该组织工程血管与天然动脉血管结构高度相似。该技术可能成为构建最优的人工血管移植物的有力手段[45]。

(2) 合成高分子材料

Zhu 等用 RGD-肽改性聚酯氨基甲酸乙酯脲(PEUU)制作成一种人工血管,并对其进行力学性能、细胞相容性和血液相容性实验研究,实验结果显示 PEUU-RGD 肽纳米纤维血管的溶血率(HR)约为 1.21%,远远小于安全值 5%[46]。PEUU-RGD 肽纳米纤维力学性能优异,其结构具有良好的抑制血小板黏附的能力,大大提高了抗凝血性能。

(3) 复合高分子材料

Hajiali 等利用静电纺丝技术制备了聚乙醇酸(PGA)和明胶按不同比例进行混合静电纺丝得到管状支架型结构,通过体外实验将人脐静脉内皮细胞和人脐动脉平滑肌细胞在上面培养，结果显示PGA与10%明胶混合制备内层，有利于内皮细胞的生长；PGA与30%明胶制备外层，有利于平滑肌细胞的黏附，明胶的加入很好地优化了支架的生物性能[47]。

目前学者们将静电纺丝技术、组织工程等多种手段相结合，希望可以取得更大的进展。

Augustine等利用静电纺丝制备了具有增强细胞黏附的聚偏氟乙烯-三氟乙烯/氧化锌纳米复合材料人工血管组织工程支架，进行了血液相容性和细胞毒性实验，结果均显示其具有优异的生物相容性，细胞活力良好，在植入老鼠体内21天后，切片显示材料无炎性和排异性反应[48]。

Ahn等采用静电纺丝技术和组织工程相结合技术制备小口径血管，在合适的培养条件下，结合自体细胞与天然(或合成)的支架制备具有一定功能的小口径血管[49]。植入实验结果显示，与传统的细胞接种方法相比，平滑肌细胞(SMC)薄片可以通过与静电纺丝血管支架结合，产生平滑肌层，包裹在血管支架上的预制备的SMC薄片提供了高细胞接种效率(约100%)和成熟的平滑肌层有利于细胞结合。研究表明通过生物反应器相关的SMC薄片联合血管支架的预处理保留了高细胞活性，可以改善细胞浸润和血管的拉伸强度、顺应性和断裂伸长率。

Yazdanpanah等利用静电纺丝技术制备了聚L-丙交酯/凝胶化管状支架[50]。研究了4种纤维支架(梯度PLLA/明胶，层状PLLA/明胶，PLLA和明胶支架)的可降解性、孔隙率、微孔尺寸和机械性能。结果表明，梯度PLLA/明胶的机械强度和估算的爆破压力显著增加。

### 4. 生物涂层技术

理想的人工血管材料应具有抗血栓、抗血小板聚集、组织相容性好、无炎性反应等特点，目前Gore公司的Proapaten和Acuseal人工血管在膨体聚四氟乙烯表面固定肝素涂层，虽然肝素涂层在抗凝血和血栓方面有明显效果，但远期来看，其对人工血管与自体血管组织的长期接触与融合却帮助不大。目前，研究者们将研究目光投向了与生物体组成更为相似的多肽类物质[51-54]，期望可以形成与自体更为相似的表面，改善长期留存的问题。

(1) 多肽类涂层

Tang等设计了一种ePTFE表面改性方法，该方法在膨体聚四氟乙烯表面涂覆一层具有生物活性配体的氟表面活性剂聚合物(FSP)，该聚合物由三种成分组成：聚乙烯醇胺主链、稳定吸附的氟碳树脂和生物性配体(包括黏附肽和多糖基团)[55]。这种仿生结构的目的是通过促进血管内表面快速内皮化来提高人工血管的血液相容性,同时最小化血小板黏附。对比三种多肽体系形成的 FSPs 对血小板和内皮细胞的黏附:环状 cRGD、环状 cRRE、线性 RGD 连接寡聚糖(M-7)体系,后一种设计用于防止血浆蛋白黏附。结果表明,内皮细胞对所有肽段形成的 FSPs 黏附性基本相同,M-7 体系和环状 cRRE 体系均可显著降低血小板黏附。Walluscheck 等研究了一种在 ePTFE 人造血管表面耦合可促进细胞黏附的 RGD 合成多肽的方法[56]。研究结果表明,ePTFE 上的内皮细胞附着可以通过促进黏附的 RGD-肽和人造材料之间的特异性结合来改善。

Peng 等研究了将 YIGSR、RGD、REDV 序列等肽段共价固定在电纺丝素支架材料表面,研究这些肽段联合应用对细胞行为的影响[57]。结果表明,与单肽修饰支架相比,双肽修饰支架(YIGSR+RGD)能显著促进人脐静脉内皮细胞(HUVECs)增殖。然而,联合使用 REDV+RGD 或 YIGSR+REDV 并不促进 HUVECs 的黏附或增殖。值得注意的是,与 REDV 或 RGD 修饰组相比,YIGSR 修饰支架显著改善 HUVECs 的迁移。此外,它与这两种肽结合也对细胞迁移有很好的影响。所有的数据表明,多肽联合应用可能是一种有前途的方法,以增强小口径血管移植物的内皮化程度。

(2) 肝素涂层

Hoshi 等研究了肝素改性 ePTFE 人造血管的血液相容性和细胞相容性。研究结果表明,生物活性肝素固定化后的 ePTFE 人造血管内壁血小板黏附减少,并能有效抑制血液凝固形成血栓,从而保证血管的通畅率[58]。

Liu 等为了解决材料与血液接触时的血栓和凝血等问题,将赖氨酸与肝素制成混合微球固定在有多巴胺沉积的 316L 不锈钢表面,检测表明,材料的抗凝血酶Ⅲ大幅度增加,活化部分凝血活酶时间(APTT)和凝血酶时间(TT)延长,血管细胞也可以在材料表面大量增殖与分化,表明涂层后的材料在人工血管方面的应用有良好的适应性[59]。

Mi 等采用一种模拟贻贝黏蛋白的修饰方法,使各种生物活性分子如 RGD 和肝素能够移植[60]。该方法包括一系列步骤:氧等离子体处理、多巴胺(DA)涂层、聚乙烯亚胺(PEI)接枝和 RGD 或 RGD/肝素固定化。通过傅里叶变换红外光谱(FTIR)和 X 射线光电子能谱(XPS)验证每一步的成功改性。结果表明,所有这些修饰特别是 RGD 的加入,对内皮细胞的附着、存活和增殖都有良好的影响。

(3) 化学类涂层

Bastijanic 等用 ePTFE 制作出一种人造血管,并在其上进行表面改性以提高血管通畅率[61]。研究结果表明,在 ePTFE 人造血管内壁涂覆一层细胞黏附的含氟表面活性剂可以明显提高 ePTFE 人造血管的通畅率,并能有效地减少内皮细胞增生以及血栓形成。

Giol 等提出通过光活化叠氮化物衍生物对明胶和 PET 进行共价固定化,同时提高明胶的表面内皮化和抗凝性能[62]。进行了包括细胞毒性和内毒素检测在内的完整的理化特性和生物学研究。同时对小(直径≤6 mm)和(或)大口径(直径≥6 mm)血管的生物相容性通过微、大血管内皮细胞试验进行评估。结果表明,与传统的基于物理吸附的表面改性方法相比,凝胶共价改性 PET 表面具有更好的生物相容性和血液相容性。

Zhang 等制备了一种新型 PU/PU-nps /ePTFE(PPVP)复合血管补片,方法是先将 PU/PU-nps 用化学气相沉积方法制备成一种复合薄膜,再涂敷于 ePTFE 表面,从而在 ePTFE 表面形成一种类似于自体管腔表面的纳米微图案。这种纳米微图案可以有效地改善血液和细胞的相容性,抑制血小板黏附,增强细胞附着并促进内皮细胞的附着[63]。用 PPVP 修补腹部动脉,结果显示,血管内皮化在植入后 30 天完成,无明显障碍。

## 四、国内人工血管发展现状

从全球来看,人工血管产品已经过几十年的发展,但目前国内仅有少数企业在从事人工血管的研发、生产与销售工作。从国家食品药品监督管理总局数据库查询可知,目前国内仅有两家公司有人工血管产品获批,分别是上海索康医用材料有限公司的膨体聚四氟乙烯人造血管(商品名:赫通 Hemothes)和上海契斯特医疗科技公司的涤纶人造血管。他们产品的主要原材料与国外产品相同,分别为膨体聚四氟乙烯和聚酯涤纶纤维,产品结构与功能基本上与国外产品一致。

在国内其他从事人工血管研发的企业中,武汉杨森生物技术有限公司(以下简称武汉杨森)走在了前列。武汉杨森独创性地以聚氨酯与涤纶的复合材料为基础,采用与人体血管功能类似的三层仿生结构,即具有功能各异的内膜层、中膜层与外膜层。产品在保持很高强度的同时,也具有与人体自身血管类似的弹性。以聚氨酯为主材的内膜可以提供优异的生物相容性,减少凝血反应发生,提高产品的远期通畅率;由涤纶编织而成的中膜层则可以提供较高的血管力学强度且保持血管形状不变,多孔的外膜层可以允许人体自身血管细胞进入与生长,增强人工血管与宿主血管的融合度,减少因排异反应产生的炎性、增生等反应,提高产品的生物相容性。

由表 2 可知,武汉杨森聚氨酯材料的凝血反应时间、凝血形成时间均高于参考范围上线,具有良好的抗凝特性。

表 2 聚氨酯与对照品涤纶凝血参数比较

| 材料 | 凝血反应时间(R)/min | 凝血形成时间(K)/min | 凝固角/° | 血栓最大幅度(MA)/mm | 凝血综合指数(CI) |
| --- | --- | --- | --- | --- | --- |
| 武汉杨森聚氨酯 | 12.6 | 6.6 | 29.9 | 58.4 | -9.1 |
| 对照品涤纶 | 26.2 | 44 | 5.2 | 24.1 | -38.1 |
| 参考范围 | 4~9 | 1~3 | 46~76 | 50~71 | -3~3 |

2015 年 5 月武汉杨森研发的“三层仿生小口径人工血管”正式获国家食品药品监督管理总局批准同意按照《创新医疗器械特别审批程序》进行审批,并且连续在 2017 年和 2018 年进入国家重点研发计划“生物医用材料研发与组织器官修复替代重点专项”。

2018—2019 年武汉杨森生产的人工血管在中国医学科学院阜外医院动物实验中心进行了两批次的大规模动物实验,在总计 17 只小尾寒羊上植入了 17 只人工血管(图 2)。

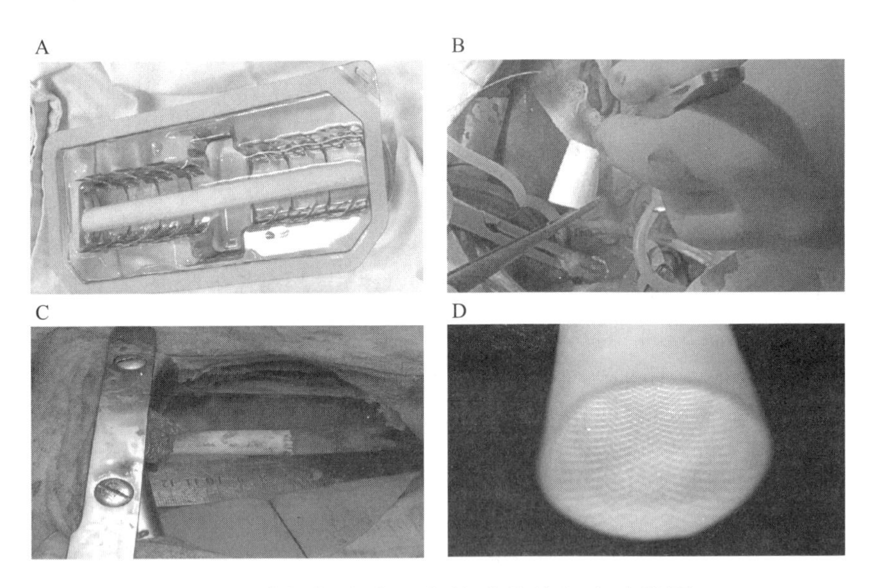


图 2 武汉杨森人工血管动物植入实验简图

A:打开、浸泡人工血管;B:植入人工血管;C:人工血管吻合完毕;D:内层网纹化的微图案化结构有利于内皮化

血栓弹力图结果显示:在术前、人工血管植入术后当天以及植入术后 4 周时,试验组与对照组血栓弹力图中凝血反应时间、凝血形成时间、凝固角、血栓最大幅度指标无明显统计学差异(图 3)($P>0.05$)。

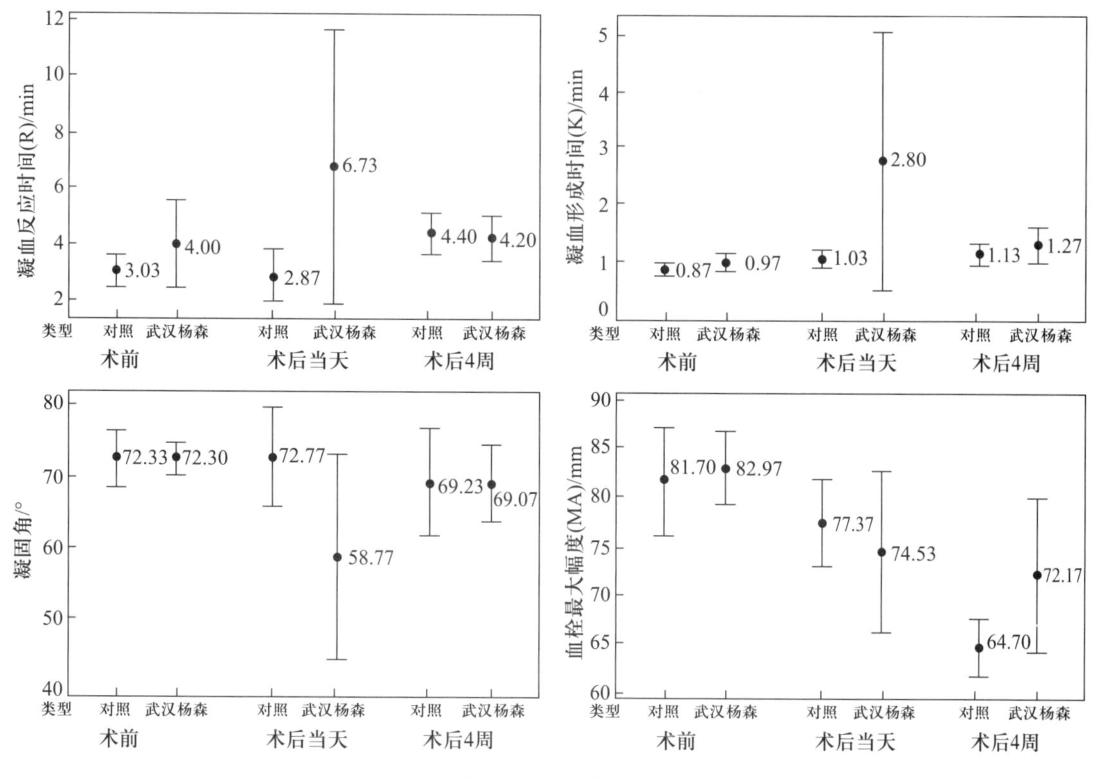


**图 3　各产品不同时间凝血反应结果图**

动物实验与病理结果显示(图 4),在植入小尾寒羊胸主动脉部位 24 周后的局部排斥反应轻微,与周围组织粘连程度小,所有植入的人工血管都保持通畅,可见明显的内皮化,相比于泰尔茂的对照组无明显差异,武汉杨森生物技术有限公司人工血管的安全性和有效性良好。

随着国产人工血管研发的火热开展,设计研发思路不断创新,技术上不断取得突破,希望能够研发出更好的产品,给更多的患者带来福音。

## 五、结　　语

总体而言,我国人工血管研究起步较晚,国外产品经过长时间发展已经趋于成熟,在竞争中占有绝对的优势。人工血管产品的研发,涉及材料学、医学、生物学等学科,历时周期长,投入大,我国在很长时间内一直处于落后状态。近年来,随着国家对医疗器械领域的重视以及各种新技术、新方法的涌现,特别是以组织工程、3D 打印等为代表的新技术的应用,人工血管将会不断有新产品推出,造福于人类。

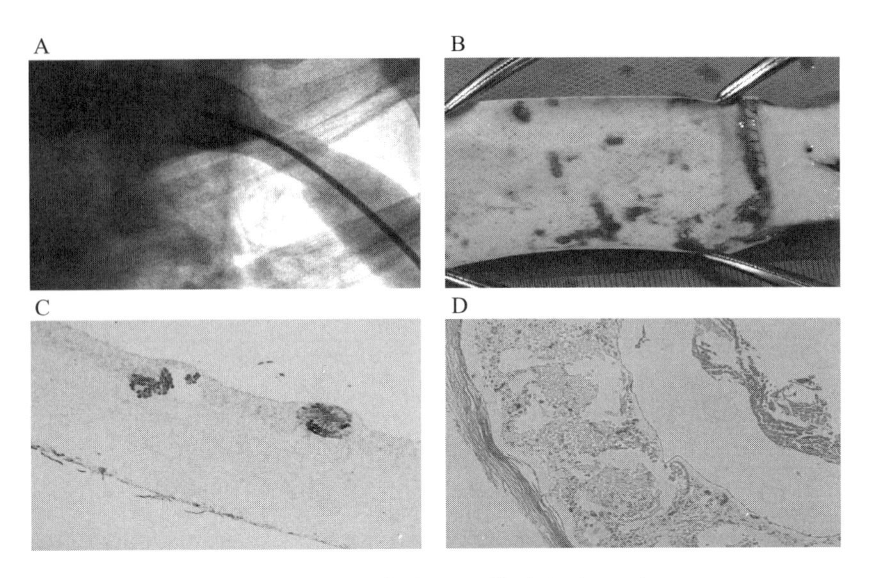


**图 4　武汉杨森人工血管植入病理图**

A:动物体内主动脉置换术半年后,造影检查血管通畅,无狭窄;B:解剖后可见,人工血管及其远侧吻合口剖面观,吻合良好,未见血栓;C:人工血管结构完整,未见裂纹,内表面未见血栓。HE,×100;D:吻合口周围可见炎症细胞浸润,未见血栓。HE,×50

## 参考文献

[1] 王维慈,欧阳晨曦,周飞,等. 高分子材料小口径人工血管的相关研究. 中国组织工程研究与临床康复,2008,12(1):125-128.

[2] 张家庆,王武军,闫玉生. 小口径人工血管材料应用进展. 实用医学杂志,2014,130(21):3520-3521.

[3] Begovac PC, Thomson RC, Fisher JL, et al. Improvements in GORE-TEX1 vascular graft performance by Carmeda1 bioactive surface heparin immobilization. Eur J Vasc Endovasc Surg, 2003,25:432-437.

[4] McClurken ME, McHaney JM, Colone WM. Physical properties and test methods for expanded polytetra fluoroethylene (PTFE) grafts. Vascular Graft Update: Safety and Performance. ASTM STP 898.

[5] Twine CP, McLain AD. Graft type for femoro-popliteal bypass surgery (review). Cochrane Database System Rev, 2010,5:CD001487.

[6] Lösel-Sadée H, Alefelder C. Heparin-bonded expanded polytetrafluoroethylene graft for infragenicular bypass: five-year results. J Cardiovasc Surg, 2009,50(3):339-343.

[7] Kirkwood ML, Wang GJ, Jackson BM, et al. Lower limb revascularization for PAD using a heparin-coated PTFE conduit. Vasc Endovasc Surg, 2011,45(4):329-334.

[8] Pulli R, Dorigo W, Castelli P, et al. Propaten Italian Registry Group. Midterm results from a

multicenter registry on the treatment of infrainguinal critical limb ischemia using a heparin-bonded ePTFE graft. J Vasc Surg, 2010,51(5):1167-1177.

[9] 涂秋芬，张怡，陈槐卿，等. 以脱细胞犬动脉为基质的血管支架体外再细胞化. 航天医学与医学工程，2007,20(5):358-363.

[10] 冉峰，刘长建，周敏，等. 脱细胞支架复合兔骨髓间充质干细胞构建组织工程血管. 中国组织工程研究与临床康复，2009,13(47):9226-9230.

[11] 武欣，谷涌泉，段红永，等. 利用脱细胞血管基质体外构建小口径组织工程血管. 中国实验动物学报，2010,18(5):377-382.

[12] Schneider KH, Enayati M, Grasl C, et al. Acellular vascular matrix grafts from human placeta chorion: Impact of ECM preservation on graft characteristics, protein composition and in vivo performance. Biomaterials, 2018,177:14-26.

[13] Hiroki Y, Tetsuji Y, Atsushi M, et al. Tissue-engineered submillimeter-diameter vascular grafts for free flap survival in rat model. Biomaterials, 2018,179:156-163.

[14] 王叶香，闫星儒，王璐，等. 人工血管用海藻酸钠-聚丙烯酰胺水凝胶的制备及性能. 东华大学学报(自然科学版)，2016,42(5).

[15] 孔晓颖，韩宝芹，王海霞，等. 可降解性壳聚糖基小口径人工血管的生物安全性. 青岛大学医学院学报，2012,48(4):334-336.

[16] He C, Xu X, Zhang F, et al. Fabrication of fibrinogen/P(LLA-CL) hybrid nanofibrous scaffold for potential soft tissue engineering applications. J Biomed Mater Res Part A, 2011,97(3):339-341.

[17] 唐景梁，沈雳，吴轶喆，等. 壳聚糖/肝素层层自组装涂层与CD133+内皮祖细胞生物相容性的实验研究. 中国分子心脏病学杂志，2009,9(6):342-347.

[18] Valence S, Tille J, Chaabane C, et al. Plasma treatment for improving cell biocompatibility of a biodegradable polymer scaffold for vascular graft applications. Eur J Pharm Biopharm, 2013,85:78-86.

[19] Li Q, Mu LL, Zhang FH, et al. Manufacture and property research of heparin grafted electrospinning PCU artificial vascular scaffolds. Mater Sci Eng C, 2017,78:854-861.

[20] 冯亚凯，赵海洋，郭锦棠，等. 生物相容性聚碳酸酯型聚氨酯微纤维人工血管的研究. 高分子通报，2010,8:73-77.

[21] 张明，刘长建，刘晨，等. 膨体聚四氟乙烯人工血管表面肝素固化替代犬下腔静脉的表面抗凝血性能.中国组织工程研究与临床康复，2011,15(47):8833-8836.

[22] 周飞，徐卫林，欧阳晨曦，等. 小口径微孔聚氨酯人造血管生物力学性能研究. 医用生物力学，2008, 23(4):270-274.

[23] Zheng W, Wang Z, Song L, et al. Endothelialization and patency of RGD-functionalized vascular grafts in a rabbit carotid artery model. Biomaterials, 2012,33(10):2880.

[24] Bastijanic JM, Kligman FL, Marchant RE, et al. Dual biofunctional polymer modifications to address endothelialization and smooth muscle cell integration of ePTFE vascular grafts. J

Biomed Mater Res Part A, 2016, 104:71-81.

[25] He C, Xu X, Zhang F, et al. Fabrication of fibrinogen/P (LLA-CL) hybrid nanofibrous scaffold for potential soft tissue engineering applications. J Biomed Mater Res Part A, 2011,97(3):339-347.

[26] Wischke C, Borchert HH. Influence of the primary emulsification procedure on the characteristics of small protein-loaded PLGA microparticles for antigen delivery. J Microencapsul, 2006,23:435-448.

[27] Miyamoto K, Sugimoto T, Okada M, et al. Usefulness of polyurethane for small-caliber vascular prostheses in comparison with autologous vein graft. J Artif Org, 2002,5(2):113-116.

[28] Wang Z, Cui Y, Wang J, et al. The effect of thick fibers and large pores of electrospun poly (ε-caprolactone) vascular grafts on macrophage polarization and arterial regeneration. Biomaterials, 2014,35(22):5700-5710.

[29] Liu T, Liu Y, Chen Y. Immobilization of heparin/poly-L-lysine nanoparticles on dopamine-coated surface to create a heparin density gradient for selective direction of platelet and vascular cells behavior. Acta Biomaterialia, 2014,10:1940-1954.

[30] Catto V, Fare S, Cattaneo I, et al. Small diameter electrospun silk fibroin vascular grafts: Mechanical properties, in vitro biodegradability, and in vivo biocompatibility. Mater Sci Eng C, Mater Biol App, 2015,54:101-111.

[31] Richard J, Ding YH, Naveen Nagiah, et al. Coaxially-structured fibers with tailored material properties for vascular graft implant. Mater Sci Eng C, 2019,97:1-11.

[32] Zhang YZ, Venugopal J, Huang ZM, et al. Characterization of the surface biocompatibility of the electrospun PCL - collagen nanofibers using fibroblasts. Biomacromolecules, 2005,6(5):2583.

[33] Fukunishi T, Best C A, Sugiura T, et al. Tissue-engineered small diameter arterial vascular grafts from cell-free nanofiber PCL/chitosan scaffolds in a sheep model. PloS One, 2016,11(7):e0158555.

[34] Gong M, Chi C, Ye JJ, et al. Icariin-loaded electrospun PCL/gelatin nanofiber membrane as potential artificial periosteum. Colloid Surface B, 2018,170:201-209.

[35] Yin A, Luo R, Li J, et al. Coaxial electrospinning multicomponent functional controlled-release vascular graft: Optimization of graft properties. Colloid Surface B, 2017,152:432-439.

[36] Tan ZK, Wang HJ, Gao XK, et al. Composite vascular grafts with high cell infiltration by co-electrospinning. Mater Sci Eng C, 2016,67:369-377.

[37] Xiang P, Wang SS, He M, et al. The in vitro and in vivo biocompatibility evaluation of electrospun spider silk protein/PCL/gelatin for small caliber vascular tissue engineering scaffolds. Colloid Surface B, 2017,163: 19-28.

[38] Zhang YZ, Venugopal J, Huang ZM, et al. Characterization of the surface biocompatibility of the electrospun PCL-collagen nanofibers using fibroblasts. Biomacromolecules, 2005,6:2583.

[39] Tan Z, Wang H, Gao X, et al. Composite vascular grafts with high cell infiltration by co-electrospinning. Mater Sci Eng C, Mater Biol App, 2016,67:369-377.

[40] Ping X, Min L, Chaoying Z, et al. Cytocompatibility of electrospun nanofiber tubular scaffolds for small diameter. Inter J Biol Macromol, 2011,49:281-288.

[41] Colla and Porto. Development of artificial bloodvessels through tissue engineering. BMC Proceed, 2014, 8(Suppl 4):P45.

[42] Zang S, Zhang R, Chen H, et al. Investigation on artificial blood vessels prepared from bacterial cellulose. Mater Sci Eng C, 2015,46:111-117.

[43] Ravindra R, Ameswara K, Krovvidi R, et al. Solubility parameter of chitin and chitosan. Carbohyd Polym, 1998,36:121-127.

[44] Badhe RV, Bijukumar D, Chejara DR, et al. A composite chitosan-gelatin bio-layered, biomimetic macroporous scaffold for blood vessel tissue engineering. Carbohyd Polym, 2017,157:1215-1225.

[45] Aper T, Wilhelmi M, Gebhardt C, et al. Novel method for the generation of tissue-engineered vascular grafts based on a highly compacted fibrin matrix. Acta Biomaterialia, 2016,29:21-32.

[46] Zhu T, Yu K, Bhutto MA, et al. Synthesis of RGD-peptide modified poly(ester-urethane) urea electrospun nanofibers as a potential application for vascular tissue engineering. Chem Eng J, 2017, 315(Complete):177-190.

[47] Hajiali H, Shahgasempour P, Naimi-Jamal MR, et al. Electrospun PGA/gelatin nanofibrous scaffolds and their potential application in vascular tissue engineering. Inter J Nanomed, 2011,6:2133.

[48] Augustine R, Dan P, Sosnik A, et al. Electrospun poly (vinylidene fluoride -trifluoroethylene)/zinc oxide nanocomposite tissue engineering scaffolds with enhanced cell adhesion and blood vessel formation. Nano Res, 2017,10(10):3358-3376.

[49] Ahn H, Ju YM, Takahashi H, et al. Engineered small diameter vascular grafts by combining cell sheet engineering and electrospinning technology. Acta Biomaterialia, 2015,16:14-22.

[50] Yazdanpanah A, Tahmasbi M, Amoabediny G, et al. Fabrication and characterization of electrospun poly-L-lactide/gelatin graded tubular scaffolds: Toward a new design for performance enhancement in vascular tissue engineering. Prog Nat Sci: Mater Inter, 2015,25(5):405-413.

[51] Ahn H, Ju YM, Takahashi H, et al. Engineered small diameter vascular grafts by combining cell sheet engineering and electrospinning technology. Acta Biomaterialia, 2015,16:

14-22.

[52] Yazdanpanah A, Tahmasbi M, Amoabediny G, et al. Fabrication and characterization of electrospun poly-L-lactide/gelatin graded tubular scaffolds: Toward a new design for performance enhancement in vascular tissue engineering. Prog Nat Sci: Mater Inter, 2015, 25:405-413.

[53] 方俊，李松. 血管组织工程的发展现状和趋势. 医用生物力学，2016,31(4):333-339.

[54] 郃莳，任为. 组织工程血管的研究进展. 中国组织工程研究与临床康复，2008(23):4503-4506.

[55] Tang C, Kligman F, Larsen CC, et al. Platelet and endothelial adhesion on fluorosurfactant polymers designed for vascular graft modification. J Biomed Mater Res Part A, 2009, 88(2):348-358.

[56] Walluscheck KP, Steinhoff G, Kelm S, et al. Improved endothelial cell attachment on ePTFE vascular grafts pretreated with synthetic RGD-containing peptides. Eur J Vasc Endovasc Surg, 1996,12(3):321-330.

[57] Peng G, Yao DY, Niu YM, et al. Surface modification of multiple bioactive peptides to improve endothelialization of vascular grafts. Macromol Biosci, 2019,19(5). DOI: 10.1002/mabi.201800368.

[58] Hoshi RA, Van Lith R, Jen MC, et al. The blood and vascular cell compatibility of heparin-modified ePTFE vascular grafts. Biomaterials, 2013,34(1):30-41.

[59] Liu T, Hu Y, Tan J, et al. Surface biomimetic modification with laminin-loaded heparin/poly-l-lysine nanoparticles for improving the biocompatibility. Mater Sci Eng C, 2017, 71:929-936.

[60] Mi HY, Jing X, Thomsom JA, et al. Promoting endothelial cell affinity and antithrombogenicity of polytetrafluoroethylene (PTFE) by mussel-inspired modification and RGD/heparin grafting. J Mater Chem B, 2018. DOI:10.1039/c8tb00654g.

[61] Bastijanic JM, Kligman FL, Marchant RE, et al. Dual biofunctional polymer modifications to address endothelialization and smooth muscle cell integration of ePTFE vascular grafts. J Biomed Mater Res Part A, 2016,104(1):71-81.

[62] Giol ED, Schaubroeck D, Kersemans K, et al. Bio-inspired surface modification of PET for cardiovascular applications: Case study of gelatin. Colloid Surface B, 2015, 134: 113-121.

[63] Zhang J, Wang Y, Liu C, et al. Polyurethane/polyurethane nanoparticle-modified expanded poly(tetrafluo- roethylene) vascular patches promote endothelialization. J Biomed Mater Res Part A, 2018,106:2131-2140.

**欧阳晨曦** 中国医学科学院阜外医院主任医师，德国汉诺威医科大学客座医生，美国斯坦福大学客座教授，中国生物医学工程学会副秘书长，国家“千人计划”创业人才。从医20年，针对进口人造血管抗凝血性差、通畅率低等缺陷潜心研究，在世界上首次提出用多种材料复合工艺制造人造血管，不仅填补了国内人造血管的空白，而且研制出世界上最小口径人造血管，未来可广泛应用于透析造瘘手术。

目前完成各类血管外科手术3000多例，尤其是在颈动脉、椎动脉和锁骨下动脉的外科治疗方面独树一帜，在外科界的手术禁区——锁骨上窝不断探索创新，开创性地开展了椎动脉-颈动脉转位术、锁骨下动脉-颈动脉转位术，治疗椎动脉供血不足的病人。主持国家重点研发计划、国家“973”前期预研项目、国家自然科学基金等各类国家级课题共5项，获得资助金额达1720万元。出版专著2本，编写教材1部，发表学术文章100余篇，其中SCI文章20多篇，申请专利12项。担任《亚洲心脑血管病例研究》与《亚洲外科手术病例研究》主编、*World Journal of Cardiovascular Surgery* 副主编、国家“十三五”规划教材《医用材料概论》副主编。

# 植入式心室辅助设备质量规范化评价现状和进展

李 澍

中国食品药品检定研究院

心力衰竭(heart failure)是指由于心脏的收缩功能和(或)舒张功能发生障碍,不能将静脉回心血充分排出心脏,导致静脉系统血液淤积,动脉系统血液灌注不足,从而引起心脏循环障碍症候群。目前,心脏移植是挽救重症末期心力衰竭患者的唯一方法,但是心脏移植所需的供体(心脏)在全球都非常有限。据OPTN(Organ Procurement and Transplantation Network)统计,即使在心脏移植术最为发达的美国,在2009年新登记等待心脏移植的3500名患者中,进行心脏移植的患者仅2200人。鉴于我国对死亡的认定与美国不同,我国的心脏捐赠数量更少。中国每年几千例患者在等待心脏移植,但由于可移植的心脏数量不多,很多患者在等待过程中死亡。

为改善重症末期心力衰竭患者的血液循环,采用植入式心室辅助设备的辅助循环的治疗方法应运而生。能长期使用、无血液并发症、并符合中国人体型的左心室辅助设备被众多患者所需要。然而,这类设备与人体相互作用机理复杂,未探明的潜在影响因素较多;同时,产品往往风险度极高,其质量的好坏直接影响患者心脏功能的康复,甚至生命安危,因此也是不良事件报告较多和产生较为严重后果的领域。美国已获准上市的左心室辅助设备在使用过程中,诸如术后设备故障、设备失能、电磁骚扰故障,以及脑卒中、血栓栓塞、感染、肾衰竭、多脏器功能衰竭等并发症的发生率仍然较高,严重影响患者的生存率。因此,如何进行科学、有效、符合国际规范的质量评价,确保高风险左心室辅助设备产品使用质量,减少相应纠纷,成为国家监管科学领域中最为重视的问题。

美国及欧盟在20世纪90年代开始讨论上述有源植入医疗器械的质量评价方法,并不断讨论、更新评价方法。国际上关于有源植入医疗器械标准主要包括国际标准化组织(ISO)颁布的ISO 14708系列标准、欧盟颁布的EN 45502系列标准和美国医疗仪器促进协会AAMI系列标准。总体来说,有源植入医疗器械质量评价面临的三大比较突出的问题是:① 缺乏针对植入设备特定核心性能的评价方法与评价设备。有源植入医疗器械采用大量创新式、革命式新型技术，监管部门缺乏相应的评价方法、技术，不能满足评价需求。② 缺乏针对有源植入医疗器械长期植入可靠性的评价方法和平台。有源植入医疗器械要求设备工作在体内环境，且预期寿命长达数年。因此，对其可靠性有非常苛刻的要求。③ 缺乏针对有源植入医疗器械的通用电磁兼容评价技术。尤其是在电磁场辐射频率与限值、近磁场辐射频率与限值等专业领域还没有完全研究清楚，存在较多的认识空白和技术问题。这些问题在创新型心室辅助设备质量评价领域尤其突出。

中国食品药品检定研究院从 2015 年开始，开展对植入式心室辅助设备的质量评价研究，并逐步深入，进行了很多有意义的工作。目前，在我国心室辅助设备质量评价方面具体解决的问题有以下五个方面：

第一，心室辅助设备仿真流体力学评价平台和系统搭建。

首先通过统计临床文献大数据，以涵盖文献中 95% 心力衰竭患者的生理参数的极值组合框定出模拟循环系统的测试条件矩阵。根据要求完成模拟循环系统设计，建立水力学回路，能够通过对生理参数的调节准确模拟不同的生理条件。同时集成传感仪器以及控制与数据采集模块，实现参数的实时运算和波形显示。最后将研制完成的模拟循环系统与待测心室辅助设备同步运行，模拟标准心力衰竭状态下的心室辅助设备辅助性能实验。结果表明，模拟循环系统本身能够完全满足临床文献给出的测试条件，同时系统能够精准地模拟每一个生理参数的目标值。在心室辅助设备辅助性能实验中，待测心室辅助设备能够将系统流量和主动脉压恢复至健康生理范围。研制的模拟循环系统能够满足目前的心室辅助设备体外系统性能测试标准，提供科学有效的测试手段。同时，该模拟循环系统也能够提供在心室辅助设备辅助下，循环系统的血流动力学变化的研究平台，具有重要的科学价值。

第二，研究心室辅助设备电磁兼容评价方法和平台搭建。

随着消费类电子设备和个人无线终端设备的飞速发展，周围的电磁环境也变得日益复杂起来，因此对心室辅助设备的电磁兼容性进行合理客观的评价是十分重要的。我们从心室辅助设备的预期使用环境和可能存在的风险点出发，从“通用电磁兼容要求”“有源植入医疗器械的专用抗扰度”和“瞬时高功率抗扰度”三大方面分析了心室辅助设备电磁兼容性的评价要点，理清了该类设备电磁兼容方面的评价思路，明确了采用的限值、符合电平和基本性能等关键试验参数，为心室辅助设备的设计、检测、评价和监管提供科学的技术支撑。

第三，心室辅助设备溶血检测及关键问题研究。

溶血是评价心室辅助设备安全性的重要方面，以溶血指数作为评价对象。其物理意义是反映输出 100 L 压积标准化血液产生的血浆游离血红蛋白含量，是目前世界上公认的体外评价血泵溶血性能的标准。从本质上讲,造成心室辅助设备溶血的根本原因是机械剪切力和应力暴露时间。不同于人体心脏的容积变化式的血流驱动,旋转式血泵通过叶轮旋转(一般都在 1000 r/min 以上),为血流提供动力。可以想象,在如此高速的旋转过程中,红细胞会受到很大的剪切力作用,从而引起细胞的变形(收缩和拉伸)。当长时间暴露在强剪切力条件下,细胞变形超过细胞所能承受的程度,暴露时间超过了人体的自我修复速度,红细胞可能失能而破裂,从而使细胞内的血红蛋白游离到血浆中。参照 ASTM F1841-97 标准规定的原则,对溶血试验进行了详细的设计,搭建了检测平台,进行了溶血指数测量,并针对标准中未进行详细说明的血液初始质量要求及游离血红蛋白检验方法进行研究和实现。成功设计并搭建了溶血试验检测平台,基于此检测平台成功对血泵的溶血指数进行了测试,表明了检测平台的有效性。总体来说,采用 ASTMF1841-97 标准,搭建了检测平台,进行了溶血指数测量,明晰了实现方法和细节,希望供研发和评价人员借鉴。

第四,心室辅助设备机械振动骚扰评价方法及平台研究。

心室辅助设备在植入人体后会持续受到来自人体的振动冲击,对于全磁悬浮和液磁悬浮类心室辅助设备,如果无法抵抗此类骚扰,会导致转子的碰壁和磨损,进而严重影响设备的泵血能力和可靠性,甚至造成血栓进而威胁到人体的生命安全。因此评价各类心室辅助设备在不同振动骚扰模式下的抗振能力是很有必要的。通过分析主动运动及受迫运动条件下人体对心室辅助设备的冲击作用,定义了三种振动骚扰模式:平动振动骚扰、转动振动骚扰和随机振动骚扰,并确定了三种振动模式的骚扰水平,分别为 6 g、10 rad/s 和 0.1 $g^2$/Hz(5 ~150 Hz)。按照骚扰水平的要求,搭建平动转动骚扰测试平台;使用商用随机振动平台完成了随机振动测试平台。并对上述测试平台进行了测试和验证,结果表明,相关试验平台能够完成振动骚扰测试。

第五,心室辅助设备可靠性试验设计和接受准则的研究。

可靠性是心室辅助设备进入临床使用的先决条件,是影响患者使用安全、决定患者预期临床效果的关键因素。针对心室辅助设备可靠性试验的两个关键因素:试验平台设计和接受准则进行论述。前者定义了心室辅助设备可靠性测试的体外环境及平台,后者则规定了心室辅助设备可靠性评价标准。通过对心室辅助设备的可靠性测试中体外环境的分析,确定了睡眠、苏醒及运动三种条件下的人体生理条件,明确了试验平台参数。讨论了可靠性试验接受准则,其包含试验中准则和试验后准则。实际搭建了耐久性测试平台,验证了耐久系统的可用性。并根据风险将故障划分为四类,明确了接受标准。试验后准则主要建立评价系统性能变化的关键指标。通过以上工作,解决我国高风险心室辅助设备无统一评价平台和规范的困难,从而提高该类产品可靠性的科学评价能力。

通过以上问题的解决,逐步扭转了我国目前心室辅助设备质量评价水平低下的局面。通过从心室辅助设备质量评价的若干个关键角度切入,针对核心性能测试、可靠性测试及电磁兼容测试展开研究,推动了测试方法、测试平台和测试规范出台,从而为心室辅助设备行业创新、研发和质量控制提供科学、精准、可靠的技术支持,更好地保证此类高风险医疗器械的使用安全。

**李　澍**　副研究员。毕业于中国科学院电子学研究所,获得物理电子学博士学位。现任职于中国食品药品检定研究院光机电医疗器械检验室,兼任全国外科植入物和矫形器械标准化技术委员会有源植入物分技术委员会委员,医疗器械 GMP 国家级检查员,多次完成境内外检查任务。主要工作职责涵盖医疗器械质量评价方法、平台、标准研究,主要研究方向包括有源植入医疗器械质量评价、核磁兼容评价、移动医疗评价、电磁辐射剂量及电磁兼容质量评价。目前主持国家重点研发计划课题 1 项、省部级项目 1 个、中国红十字会基金项目 1 个。

# 血管支架内皮原位再生策略

计　剑

浙江大学生物医用大分子研究所　浙江大学高分子科学与工程学系

随着社会老龄化和人们生活方式的改变,心血管疾病已成为人类的“第一杀手”。我国心血管疾病患者高达2.9亿,占居民疾病死亡构成的40%以上。冠状动脉支架植入术已成为治疗冠心病的主要手段,但目前使用的非降解药物洗脱支架依然存在晚期血栓以及支架永久存留等严重问题。如何实现心血管医用植入材料从非降解材料向可降解材料发展,从单一机械支撑材料向具有原位再生修复功能的新型功能材料发展,成为心血管医用植入材料和器件发展的必然趋势。与传统非降解材料相比,可降解聚合物在实现药物控释和诱导组织原位再生修复方面具有独特的优势。然而,与其他材料一样,材料和生命体的非相容性反应使现有的可降解心血管植入材料依然面临管腔再狭窄和远期血栓两大关键问题。与传统的药物抑制策略不同,人体血管再生愈合机制为心血管植入材料的设计提供了一种原位再生愈合的新概念:即通过功能界面材料实现生物活性分子的固定或区域控释,原位增强内皮祖细胞的选择性黏附或内皮细胞的竞争性生长,实现血管内皮在植入部位的原位快速愈合。这种原位再生愈合的途径避免了传统的内皮细胞覆盖支架免疫原性以及制备、储存和灭菌工艺复杂等问题,因此具有更好的临床适应性。

针对心血管冠脉支架临床应用的关键问题,我们依据血管内皮原位再生愈合机制,采用系统的体内外评价,证明了内皮细胞竞争行为是实现良好原位内皮再生的关键问题。这一研究结果纠正了单纯通过促进内皮细胞快速增长实现原位内皮再生的传统设计思想。为确认这一结果,研究历时四年,在三种独立的功能界面,通过翔实的体内外评价数据证实了内皮细胞相对于其他细胞的选择性黏附、竞争性生长是获得具有良好抗狭窄功能的原位内皮功能化界面的关键,为设计新型的心血管植入材料提供了新依据[1-3]。

大量的研究表明,采用组合生物医用材料(装置)的模式,通过负载各类生物活性分子和细胞,是提升血管支架内皮原位再生功能的有效途径。然而,采用高活性生物分子带来生物材料器件在制造、灭菌和储存上的巨大困难,成为阻碍其大规模产业应用的瓶颈问题。寻求和利用创新的材料学设计原理和技术创新,建立可最终工业实现的抗凝血和血管原位再生材料制备方法,成为新型心血管植入材料研究的关键问题。我们通过对血管基质基底膜的仿生分析,采用层层组装的方式,构建了具有模拟细胞外基质基底膜结构和功能的系列仿生界面,实现了通过生物分子负载与传递、原位基因转染和自适应硬度调控对血管原位再生功能的调控[4-9]。并结合可工业实现的涂层技术,依据多层膜中生物聚电解质高流动性的特点,发现并强化了分子流动性调控在设计新型血管原位再生涂层材料的重要作用,构筑了具有自愈合特点的多孔海绵聚电解质涂层技术[10,11]和聚电解质生物分子复合物的高速喷涂技术,为原位组织再生涂层设计和应用提供了崭新的途径。

## 参考文献


[1] Lin QK, Ding X, Qiu FY. In situ endothelialization of intravascular stents coated with an anti-CD34 antibody functionalized heparin-collagen multilayer. Biomaterials, 2010, 31: 4017-4025.

[2] Wei Y, Ji Y, Xiao LL, et al. Surface engineering of cardiovascular stent with endothelial cell selectivity for in vivo re-endothelialization. Biomaterials, 2013, 34: 2588-2599 .

[3] Chang H, Ren KF, Wang JL, et al. Surface-mediated functional gene delivery: An effective strategy for enhancing competitiveness of endothelial cells over smooth muscle cells. Biomaterials, 2013, 34: 3345-3354.

[4] Zhang H, Ren KF, Chang H, et al. Surface-mediated transfection of a pDNA vector encoding short hairpin RNA to downregulate TGF-β1 expression for the prevention of in-stent restenosis. Biomaterials, 2017, 116: 95-105.

[5] Hu M, Chang H, Zhang H, et al. Mechanical adaptability of the MMP-responsive film improves the functionality of endothelial cell monolayer. Adv Healthc Mater, 2017, 6(14). DOI: 10.1002/adhm.201601410.

[6] Chang H, Hu M, Zhang H, et al. Improved endothelial function of endothelial cell monolayer on the soft polyelectrolyte multilayer film with matrix-bound vascular endothelial growth factor. ACS Appl Mater Interf, 2016, 8: 14357-14366.

[7] Chang H, Liu XQ, Hu M, et al. Substrate stiffness combined with hepatocyte growth factor modulates endothelial cell behavior. Biomacromolecules, 2016, 17: 2767-2776.

[8] Zhang H, Chang H, Wang LM, et al. Effect of polyelectrolyte film stiffness on endothelial cells during endothelial-to-mesenchymal transition. Biomacromolecules, 2015, 16: 3584-3593.

[9] Chang H, Zhang H, Hu M, et al. Surface modulation of complex stiffness via layer-by-layer assembly as a facile strategy for selective cell adhesion. Biomater Sci, 2015, 3 (2) : 352-360.

[10] Chen XC, Ren KF, Zhang JH, et al. Humidity-triggered self-healing of microporous polyelectrolyte multilayer coatings for hydrophobic drug delivery. Adv Funct Mater, 2015, 25: 7470-7477.

[11] Chen XC, Ren KF, Lei WF, et al. Self-healing spongy coating for drug "cocktail" delivery. ACS Appl Mater Interf, 2016, 8: 4309-4313.

**计　剑**　教授,浙江大学生物医用大分子研究所所长。国家杰出青年科学基金获得者,科技部中青年科技创新领军人才,教育部长江学者特聘教授,国家"万人计划"科技创新领军人才。从事心血管植介入材料的应用基础研究,发现并证明了细胞竞争性在心血管内皮原位再生中的关键作用,研制了具有原位内皮再生功能的新型心血管支架。

# 3D 打印血管支架的发展

刘　青　赵庆洪　冯汉卿　翁迅波　于　宁　李爱萍

北京阿迈特医疗器械有限公司

采用微创手术植入支架是治疗缺血性心脏病的常用方法。目前临床上普遍使用的金属支架会永久性地留存于血管壁中。金属支架的长期存在会引起血管炎症反应和血管内膜增生,因此存在晚期支架内血管再狭窄风险。此外,由于支架长期服役,易造成晚期支架断裂继而引起血管破裂和晚期血栓形成。植入永久性金属支架后需要终身服用抗血小板药物,支架的持续性机械牵引还会导致血管弹性回缩受阻。并且金属支架还会对常用的血管成像技术,如核磁共振成像(MRI)和多层螺旋 CT(MSCT)有干扰。

相较于永久性金属血管支架,理想的血管支架应具有如下性能:支架植入一定时间后消失,使血管恢复收缩性成为可能;支架消失后可消除其对血管平滑肌和血管内膜的长期刺激,有望降低血管再狭窄率;支架消失后不再对人体有任何作用,因此可减少抗凝药用量。支架消失后对 MRI 和 MSCT 成像不再有干扰。由于支架可逐渐消失,不会影响血管的生长,因此特别适用于儿童先天性心血管疾病的治疗。

2012 年 9 月 26 日,雅培宣布,在欧洲、亚太部分地区及拉丁美洲推出世界首款药物洗脱生物可吸收血管支架 Absorb(图 1)。该支架的推出,被众多业界人士认为有望对冠状动脉疾病的治疗产生革命性的改变。2016 年 7 月 9 日,雅培公司宣布该产品获得了美国食品药品监督管理局(FDA)的上市批准,成为在美

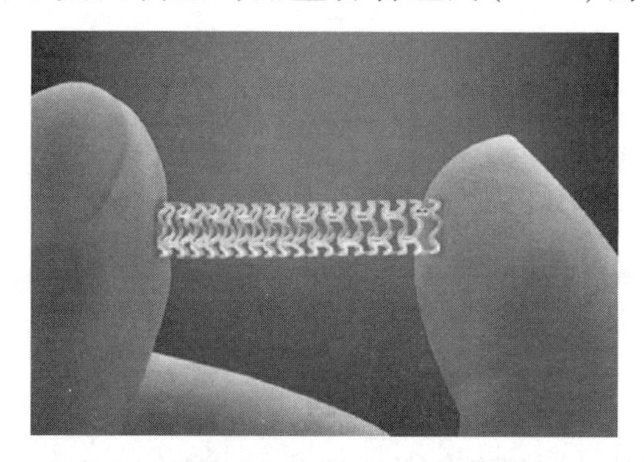

**图 1　雅培公司的生物可吸收血管支架 Absorb**

国首个投入临床使用的用于治疗冠状动脉疾病(CAD)的完全生物可吸收血管支架。

然而,2017 年 3 月美国心脏病学学会年会(ACC)上公布的 Absorb Ⅲ两年研究数据显示,Absorb 组不良心脏事件发生率(包括心脏疾病相关死亡)显著高于金属支架 Xience 对照组(11% vs 7.9%),导致这一结果主要是由于 Absorb 支架靶血管心肌梗死的发生率显著高于 Xience 支架(7.3% vs 4.9%)。另外 Absorb 组血栓发生率 1.9%,也高于 Xience 组(0.8%),支架内血栓风险较高,未达到研究者预期。因此美国 FDA 发出警告,指出 Absorb 支架植入可能增加心脏不良事件风险。使用者须严格按照 Absorb 的使用说明使用。

2017 年 9 月 8 日,雅培公司宣布,在全球各国停止销售该公司生产的 Absorb 生物可吸收支架,原因是“销售量低,支架制造成本高”。截至 2017 年 9 月 14 日,雅培公司全面停止销售所有规格的 Absorb 生物可吸收血管支架系统。雅培公司在官网上声明,将对现有 Absorb 临床试验中植入这种支架的患者继续进行随访,以评估支架长期植入结果。此外,雅培将继续开发更薄、更容易输送的第二代可吸收支架。

尽管第一代可吸收血管支架 Absorb 的设计是为了克服永久金属支架的局限性而研发的,但是其 2~3 年的长期临床使用未达到预期。从技术角度分析大致有以下几个主要原因:① 支架机械强度不足,径向支撑力较弱,易弹性收缩。② 支架杆偏厚,支架杆横截面为矩形,不易嵌入血管壁,因此不易内皮化。矩形截面的支架杆对血液流动干扰大。③ 支架结构设计不合理,植入后支架弯曲部位支架杆易翘起从而导致贴壁不良和内皮化不良,降解过程中未内皮化的支架杆易断裂脱落到血管内。④ 支架降解周期过长,植入 3 年后还残留少量支架碎片未被吸收,易引起晚期血栓。因此,改进材料性能、优化支架结构、提高径向支撑力、减少支架杆厚度和加快内皮(膜)化速度是今后努力的方向。

雅培第一代可吸收血管支架是采用激光切割的方法制造的,即先制备壁厚均匀的薄壁管材,然后采用激光雕刻技术从管材上切割制备支架。该技术是一种减材制造技术,需要数千克级的材料方能满足支架管材的生产,生产效率低、成本高。而且绝大部分聚合物材料在切割过程中被去除或浪费了,特别是在制备高度多孔的聚合物支架时,这一制造方法成本昂贵。受工艺制约,该技术所制造的支架杆的截面几何形状为矩形。此外,激光束切割聚合物时还会产生有害气体的排放导致空气污染。

3D 打印技术是 20 世纪 80 年代发展起来的一门新技术。随着聚合物材料、计算机辅助设计(CAD)建模技术和计算机辅助制造(CAM)技术的日益成熟应用,聚合物 3D 打印技术得到了迅速发展。但在制造可吸收血管支架领域还受到一些限制，例如传统的熔融沉积 3D 打印技术需要逐层叠加，因此制造速度比较慢，并且产品表面光洁度较差，在制造 100 μm 左右的细微结构时精密度较差。其他 3D 打印技术都存在着类似的缺点以及其他的一些缺点，如光固化 3D 打印不能直接采用医用级原料等。

为克服上述缺点，我们研发了一种 3D 快速精密打印技术（图 2），采用创新的 3D 四轴打印的设计理念，即将熔融 3D 打印挤出的聚合物沉积在一个由伺服电机控制的旋转轴上，该旋转轴可以在程序的驱动下正转或反转，因此，与 XYZ 三个轴的运动相配合，即可快速打印出一个血管支架。该技术新颖独特，特别适合制造三维管状支架，尤其是具有复杂微孔结构的管状支架。与激光切割方法相比，3D 快速精密打印技术的优点在于可直接使用医用级树脂粒料，从原材料到支架一步成型，并且可以制造结构更复杂的支架，适用于各种热塑性材料的加工制造；同时，由于该技术是增材制造方法，即将原材料熔融挤出沉积到所需要的部位，因此对原材料的利用率远远高于激光切割加工方法。采用这一技术，单个支架加工时间仅需 1~5 分钟，大大提高了制造效率。因此 3D 快速精密打印技术具有快速、高效、低成本的技术优势。采用这种熔融挤出工艺，还可控制一定的材料拉伸比，使得高分子材料的纤维有了很大程度的取向，大大提高了支架的力学性能。

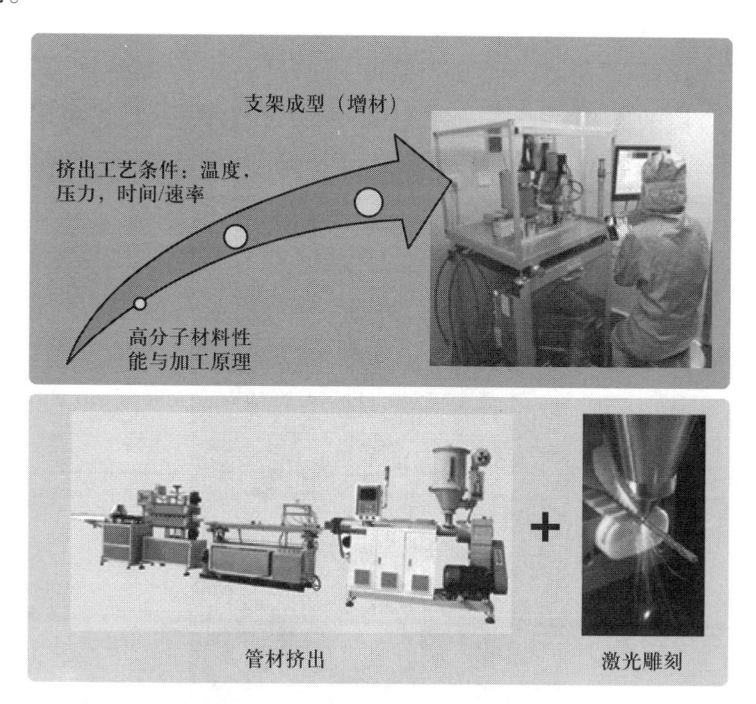


**图 2　阿迈特 3D 制造专利技术**

2015 年国务院发布的《中国制造 2025》中提出“重点发展全降解血管支架等高值医用耗材”，以及大力“发展增材制造技术”。我公司 3D 打印新一代全降解冠脉血管支架和全降解外周血管支架产品完全符合国家的发展战略。

雅培 Absorb 支架结构设计参考了其 Xience 支架的 Multi-link 结构设计。该结构设计对于全降解支架 Absorb 来说存在缺陷。Absorb 支架在具有较大弯曲程度的血管中，由于支架杆较厚且支架杆不易嵌入血管壁中，会形成支架翘起点而暴露在血管腔内（图 3），这部分翘起的支架杆不易内皮化，有造成血栓的风险。在支架晚期降解碎裂时，也有可能形成碎片脱落于血管腔内而引起晚期血栓形成。

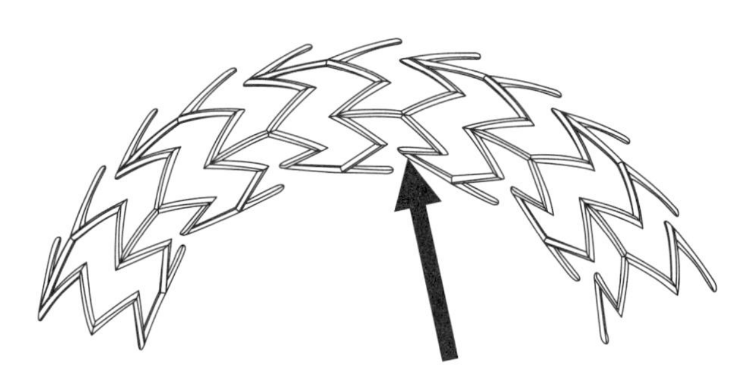

**图 3 雅培 Absorb 支架结构设计**

为改进全降解血管支架的性能，我们设计并采用 3D 快速精密打印技术制备了全新结构设计的血管支架。此支架系采用熔融挤出的单丝螺旋缠绕编织而成的类似于编织结构的闭环结构支架（图 4）。这类编织结构支架中，丝与丝交叉

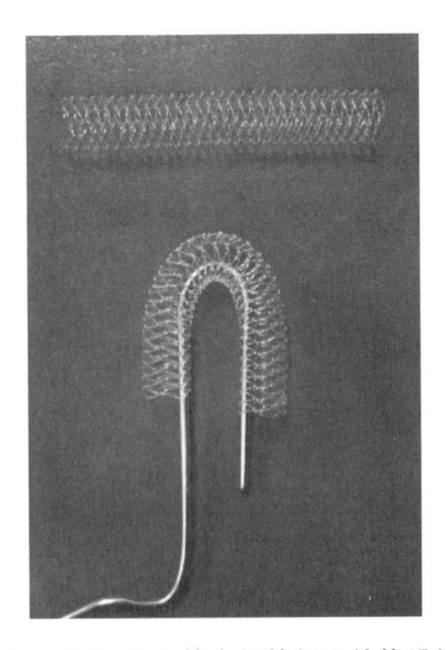

**图 4 阿迈特血管支架的闭环结构设计**

点的两根丝是熔融黏结在一起的，因此支架在压握时不会像编织支架那样有很大的轴向伸缩率。此外，这种新颖的闭环结构设计赋予了支架更好的结构稳定性和径向支撑力，并且支架具有非常优异的柔顺性，因此支架即使在弯曲的管腔中也有更好的贴壁性能。

此外，采用 3D 快速精密打印技术制造的支架的支架杆的截面是圆形的。相较于雅培 Absorb 的长方形支架杆截面，阿迈特 AMSorb 冠脉支架的圆形支架杆与血管壁的接触面积更小（图 5），在球囊扩张时更容易嵌入到血管壁内，因此对血液流动的扰动更小，有利于加快新增内膜覆盖和内皮化，避免支架内血栓形成。

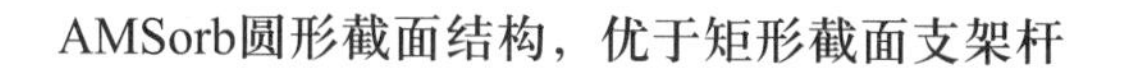


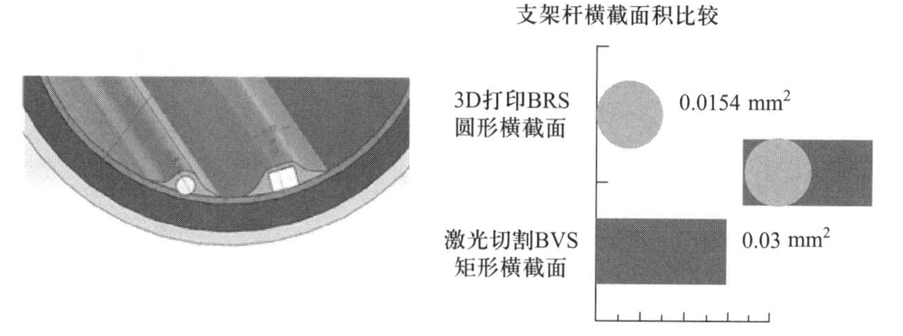


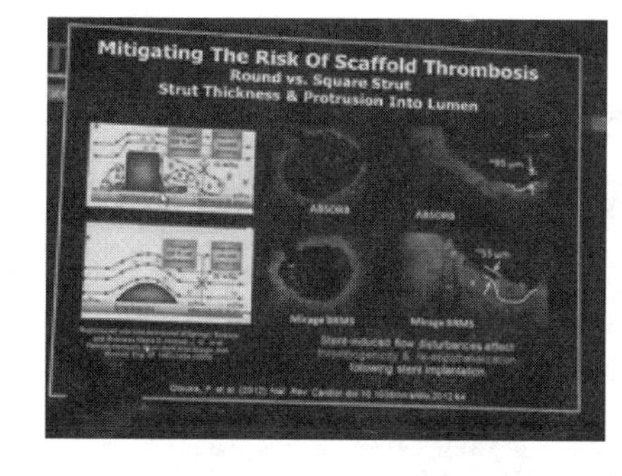


**图 5　阿迈特 AMSorb 冠脉支架**

BRS：生物可吸收支架；BVS：生物可吸收血管支架

阿迈特对 AMSorb 可吸收冠脉血管支架进行了 2 年的大动物（猪）实验研究（图 6），实验数据表明 AMSorb 支架植入即刻贴壁良好，植入 14 天后内皮化基本完成；3 个月时内皮完整，血管直径接近于植入即刻的直径；2 年时血管腔明显恢复至无约束自然状态，支架明显降解（图 7）。

在提高支架降解速率方面，我们采用了减少支架杆截面积和控制支架材料 PLLA 结晶度相结合的方法。AMSorb 支架杆的截面积比雅培 Absorb 支架杆截面积减小了一半，因此其在体内被全吸收的时间减少。与国际同类产品的对比

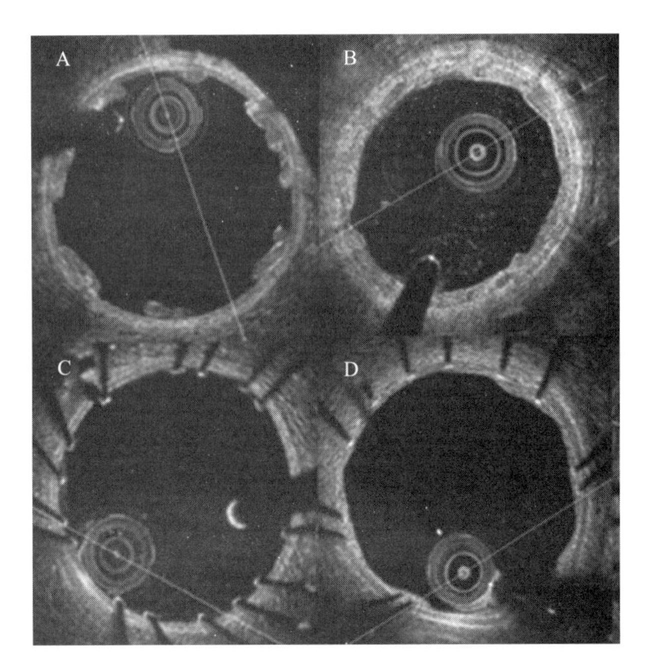


**图 6　阿迈特 AMSorb 可吸收冠脉支架猪动物实验研究**

A、B:AMSorb™ 植入即刻、术后 14 天随访时 OCT 影像;C、D:Helios 支架植入即刻、术后 14 天随访时 OCT 影像

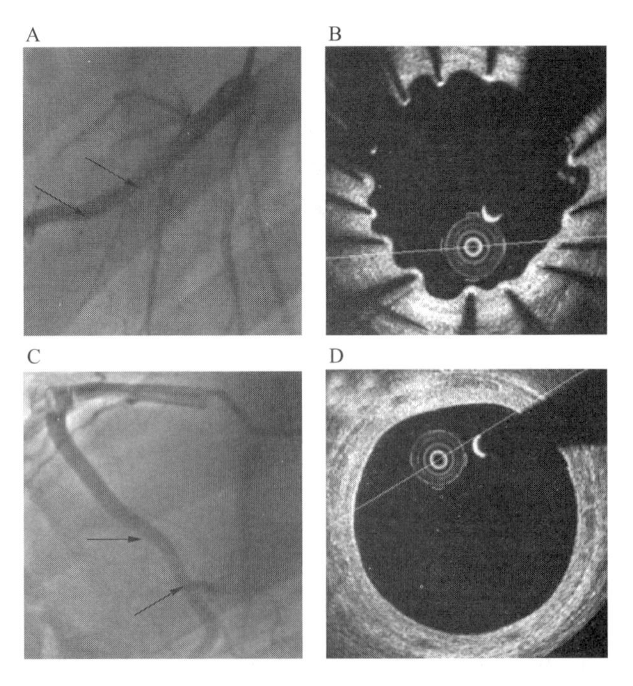


**图 7　AMSorb 植入 2 年后血管造影与 OCT 影像**

A、B:AMSorb 支架;C、D:对照金属药物洗脱支架

如图 8 所示。由图中可看到,AMSorb 支架降解有明显的 3 个阶段,即前期(0-1 个月)、中期(1-12 个月)和后期(12-24 个月)。在前期,AMSorb 降解较雅培 Absorb 更慢。而其他几种可降解支架(DESolve, ART, Mirage)的降解则明显更快,它们的分子量在 3 个月时下降均超过 50%。到了中期,AMSorb 降解加快,降解速度显著大于 BVS,12 个月时 AMSorb 支架分子量已下降了 90%,降解已基本完成,而 BVS 分子量仅下降了 50%。在一年后的降解后期,AMSorb 残留物分子量下降速率变慢,进入支架被逐渐吸收、消失阶段。

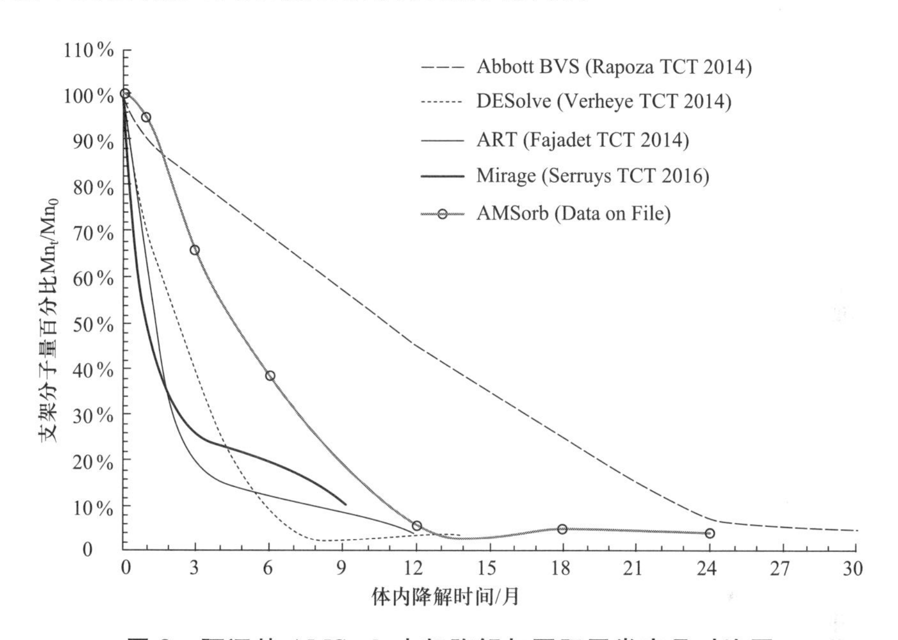


**图 8 阿迈特 AMSorb 支架降解与国际同类产品对比图**

阿迈特的 3D 快速精密打印可吸收血管支架还拓展到外周血管疾病领域,Perisorb 是全球首款 3D 打印的全降解外周血管支架,主要用于治疗外周股浅血管狭窄。该支架具有以下优点:

(1)支架采用经过改性的抗疲劳可降解材料制备。具备良好的耐疲劳性能,相较于聚乳酸材料更耐受扭转、挤压、弯曲等复合作用力的冲击,耐疲劳性能提高了一倍以上。

(2)Perisorb 支架采用了靶向给药涂层新技术。该载药方式既可降低药物使用剂量,又能达到抑制血管平滑肌细胞过度增生的效果,还会加速内皮化进程,降低支架杆裸露引起支架内血栓的风险。

(3)Perisorb 支架采用了超柔顺结构设计。该类编织闭环结构设计赋予了支架更好的结构稳定性和径向支撑力,使支架具有更好的贴壁性能,内皮化快。

目前临床上仍使用自膨式镍钛合金支架治疗股浅外周血管疾病,图 9 为

SMART 镍钛支架和阿迈特 Perisorb 支架的参数对比,数据表明 Perisorb 支架具有更好的抗压性能。

| 支架类型 | 永久BMS | 全降解BRS |
|---|---|---|
| 外周支架结构设计 | 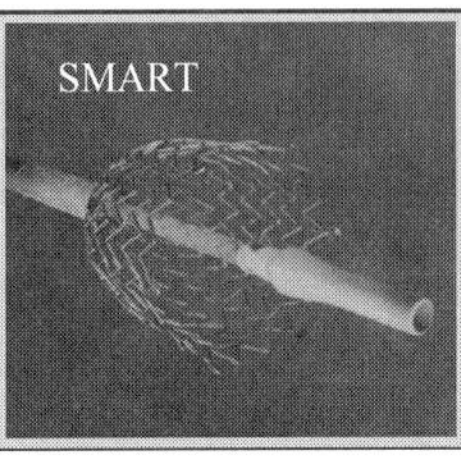 SMART | 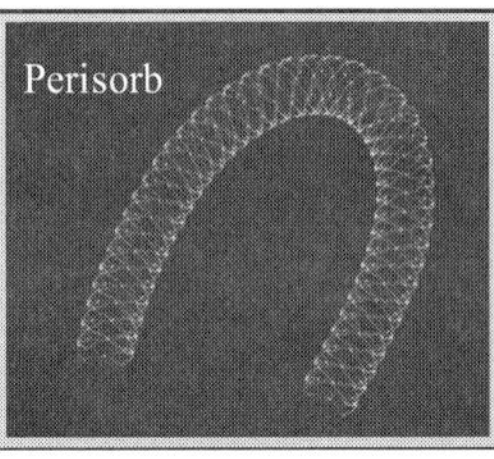 Perisorb |
| 材料 | Nitinol(镍钛合金) | PLC(PLLA-co-PCL) |
| 加工方法 | 激光切割管材 | 热熔挤出单丝成型 |
| 输送模式 | 自膨 | 球扩 |
| 杆厚度 | 0.20~0.22 mm | 0.22~0.24 mm |
| 抗压力 | 1.2 N | 4.5 N |

**图 9　SMART 镍钛支架与阿迈特 Perisorb 支架对比**

BMS:裸金属支架;BRS:生物可吸收支架

阿迈特对 Perisorb 可吸收外周血管支架进行了 12 个月的大动物实验研究,实验数据表明 Perisorb 支架植入即刻贴壁良好(如图 10 所示);植入 1 个月支架已完全内皮化,且支架植入处血流通畅,无明显狭窄;12 个月时血管直径接近于植入即刻时的直径,血管内膜完好且支架明显降解。

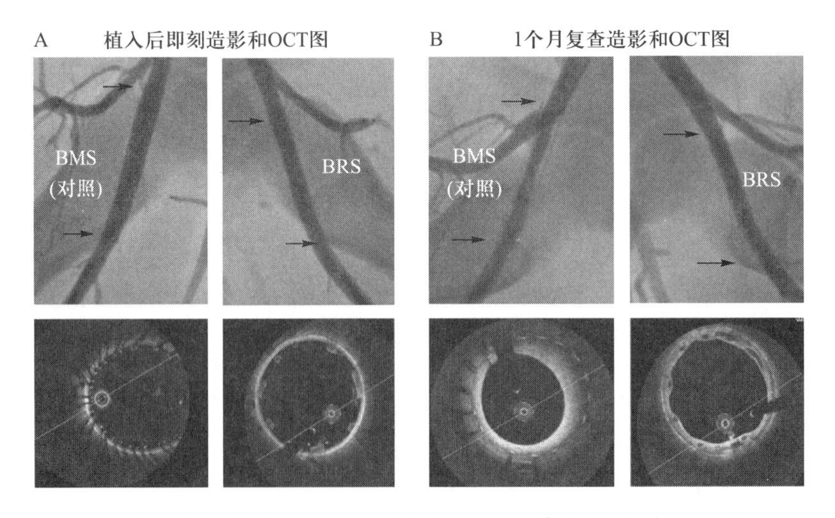


**图 10　阿迈特 Perisorb 可吸收外周血管支架大动物实验**

综上所述,新型 3D 快速精密打印技术在制备全降解血管支架方面具有比现有激光切割技术更显著的优势。阿迈特两项在研产品——全降解冠脉药物洗脱支架系统及全降解外周血管药物洗脱支架系统均采用该技术进行研发与生产。大量的临床前测试已表明 3D 打印的全降解血管支架能够满足临床应用的要求。动物实验和生物学评价结果也证明了 3D 打印全降解血管支架的安全性。阿迈特即将开展首次人体临床试验来进一步验证上述产品在人体中的安全性与有效性。

致谢：

本项目研发得到科技部“十二五”国家科技支撑计划、“十三五”国家科技重大专项、北京市科学技术委员会、北京市中关村科技园区管理委员会和北京市海淀区等多项科技项目的支持。

**刘　青**　同济大学附属东方医院纳米技术研究所副所长，北京阿迈特医疗器械有限公司董事长。荷兰屯特大学(Twente University)博士，美国莱斯大学(Rice University)博士后。曾在卫生部药品生物制品检定所从事医疗器械检定工作。也曾在数个美国医疗器械公司和制药公司从事可吸收植入器械的研发，包括担任跨国生物制药公司 Celgene 的生物材料研发总监。回国后承担过多项国家级科研课题。

# 铁基可吸收支架及临床应用

张德元

先健科技(深圳)有限公司

ABsorb Ⅱ和Ⅲ 2~3 年的临床试验结果把如火如荼的生物可吸收支架(BRS)一下子带进了凛冽的寒冬,德国医生 Robert Byrne 在《柳叶刀》上发表了题为“Disappearing scaffolds, dissolving expectation”(“支架消失了,希望也消失了”)的悲观评论。事后分析一下,可吸收和支架这两个主题词的权重是不同的,牺牲支架性能来追求可吸收性可能在战略上就存在问题,将可吸收支架的材料强度和弹性模量与永久支架的钴铬合金材料对比可以看出,只有铁和钴铬合金相似,其他材料都是成倍的降低,锌是铁的一半,镁是锌的一半,聚乳酸强度和弹性模量低于钴铬合金的 1/10。用这样性能的材料来做出和永久支架性能类似的支架,技术上的难度可想而知。

为什么全世界只有先健科技用铁呢?因为德国医生在 2001 年报道了纯铁在兔体内腐蚀很慢,12 个月都没有见到明显腐蚀,18 个月时发现支架腐蚀产物侵蚀了血管中膜和内弹力板;同时铁是磁性材料,在磁共振成像(MRI)兼容性上也可能存在问题。为了解决这些问题,我们采取了以下措施:① 在纯铁中渗入 0.05%的氮,通过后续铁管拉拔和热处理,把铁材料的力学性能提高到和钴铬合金相当或更优的水平,基于这种高性能的材料,尽量减少支架的材料用量,高强度带来了支架杆厚度的减薄,因此带来一系列临床收益,如内皮爬覆快,血栓源性小,狭窄率低,操控方便等,减少材料用量本身就可以缩短腐蚀周期,降低腐蚀产物量,同时高度弥散分布的氮化铁可以成倍提高铁的腐蚀速度,进一步加快铁的腐蚀;② 在支架外表面喷涂 PDLLA 层,不仅用来控制药物释放,还通过其降解释放的氢离子降低局部 pH,进一步加速铁的腐蚀,减少腐蚀产物;③ 在 PDLLA 涂层和铁基体之间增加厚度为 600 nm 的锌层作为牺牲阳极,确保铁在前 3 个月完全不腐蚀,避免早期支架垮塌带来的狭窄和生物学问题。选择铁的另一个重要原因,是因为很少前人研究,容易规避他人专利,真正拥有完全自主的知识产权。

一个 3 mm×18 mm 的铁支架(IBS)只有 8 mg 的铁,相当于 20 mL 血液中的铁量,而锌量只相当于成人几小时的锌摄入量。铁锌都是人体必需的元素,并没有其他有害金属元素引入,确保支架的生物相容性。实验室测试结果表明,IBS的几乎所有指标相似或优于金标准的 Xience 支架,用更薄的支架杆厚度实现了更高的支撑力。将 IBS 植入兔腹主动脉中,12 个月基本全部腐蚀,24 个月大部分吸收。铁腐蚀产物被巨噬细胞转换为含铁血黄素,最后通过淋巴系统汇集到脾脏进入铁的正常循环。从材料角度看铁的腐蚀过程,铁在涂层包围的微环境中腐蚀为铁离子,铁离子扩散到涂层外,因为 pH 升高而在组织中以羟基氧化铁和磷酸亚铁的形式弥散沉淀下来。如果腐蚀太快,涂层中氧补充不够,会在涂层内支架原位留下少量四氧化三铁。

猪冠脉内的动物实验结果表明: IBS 的内皮爬覆速度更快,7 天达到 80%,而 Xience 才 20%;到 28 天两组差不多全部覆盖。IBS 的狭窄率和炎症反应与 Xience 相似,而其他可吸收支架的炎症反应均高于 Xience,可能是铁锌腐蚀产物与 PDLLA 产物互相中和的缘故。

目前 IBS 有两个临床试验在进行中。一是用于冠脉血管的,在北京阜外医院和马来西亚共入组 60 例病人,目前植入了 37 例,2 例完成了 6 个月的随访。另一个是用于肺动脉闭锁婴儿的临时动脉导管支撑,植入了 10 例。到目前为止,所有病例植入成功率 100%,没有靶血管病变失败(TLF)和严重不良事件(SAE), 植入过程与永久支架相同,第一个病人 6 个月的随访结果优异,支架杆已经全部覆盖,局部看到腐蚀,增生很少,血管修复完成。

导致聚乳酸支架退市的极晚期血栓问题,根据已发表的论文分析其主要原因是:2 年后支架杆断裂,突出到管腔内和贴壁不良,这两个原因占了所有血栓事件的 60%。光学相干断层扫描技术(OCT)图像表明,铁支架因为杆细,内皮化快,不容易让支架杆突出管腔。即使出现,也是在第 6—12 个月,不会到两年后,因为铁支架大量腐蚀和断裂时间是第 6—18 个月。

铁支架的 MRI 兼容性问题并不是理论上分析的情况,从法规上,兼容性分三个级别,几乎所有支架都是“MRI 特定条件安全”,这是由三个方面决定的:电磁力、伪影和温升。实测支架初始电磁力是铁支架质量的 94 倍,腐蚀后为支架的 3 倍,因为支架很轻,最重的支架的电磁力只有 3.3 g,近似于动脉血在 1 $mm^2$ 面积上的力。在“快速自选回波”成像模式下,铁支架伪影只略大于不锈钢支架,而这种伪影在 12 个月后基本消失,此后优于不锈钢支架。而温升效应几乎测不出来。因此,铁支架和目前永久支架一样是“MRI 特定条件安全”,且安全条件参数也与永久支架相同。等支架完全腐蚀后,反而优于永久支架。

**张德元** 博士,研究员,先健科技有限公司总裁兼首席技术官。全国外科植入物和矫形器械标准委员会委员、中国生物医学工程学会介入医学分会委员等。

先健科技纳米涂层心脏封堵器和铁基可吸收血管支架主要发明者;获得国务院政府特殊津贴,国家技术发明奖二等奖,省部级科技进步奖或技术发明奖一等奖2项、二等奖2项、三等奖4项。

# 人工智能，惠及民生

李迎新

中国医学科学院生物医学工程研究所

现在科学进入了第四范式：数据密集型科学。以互联网+为特征，产生了大数据、人工智能、物联网、云计算、区块链等新技术。

大数据是指一种规模大到在获取、存储、管理、分析方面大大超出了传统数据库软件工具能力范围的数据集合，具有海量的数据规模、快速的数据流转、多样的数据类型和价值密度低等特征，以大量数据可以揭示客观事物的内在联系为特点。大数据与人工智能可以说是手掌心和手背的关系。

物联网是在互联网基础上延伸和扩展的网络；其用户端延伸和扩展到了任何物品与物品之间，进行信息交换和通信，也就是物物相息。

云计算是基于互联网的相关服务的增加、使用和交付模式，通常涉及通过互联网来提供动态易扩展且经常是虚拟化的资源。

区块链是分布式数据存储、点对点传输、共识机制、加密算法等计算机技术的新型应用模式。所谓共识机制是区块链系统中实现不同节点之间建立信任、获取权益的数学算法。

人工智能作为一项引领未来的战略技术，作为新一轮产业变革的核心驱动力，新一代人工智能正在全球范围内蓬勃兴起。2018 世界人工智能大会的主题就是“人工智能赋能新时代”。新一代人工智能，为经济社会发展注入了新动能，正在深刻改变人们的生产生活方式。人工智能发展应用将有力提高经济社会发展智能化水平，有效增强公共服务和城市管理能力。

对于人工智能+医疗，国家各部委已出台了诸多相关政策，包括：《促进新一代人工智能产业发展三年行动计划（2018—2020）》《决胜全面建成小康社会夺取新时代中国特色社会主义伟大胜利》《“互联网+”人工智能三年行动实施方案》等。2016 年，国家卫生和计划生育委员会也提出了国家健康医疗大数据发展规划。我国健康医疗大数据发展热火朝天，但也存在着制约发展的一些问题，主要有：① 缺少国家层面统一权威的、能够互联互通的人口健康医疗信息平台；② 缺少医院外面的在人们还没有感觉到生病时但实际上已经处于重大疾病的早期或者处于亚健康状态的数据采集终端器械和数据应用终端器械；③ 已建立的数据平台不能充分发挥作用。这些问题是难以形成全民的、全方位、全周期健康医疗数据的主要原因,从而也就不能对人民的健康形成闭环管理,不能满足人民对健康生活的需求,使得人民缺少获得感。

现代医学模式是以医院为重心、以疾病医学为主。主要任务是诊病治病,达到救死扶伤,治病救人。而预防医学只是辅助手段,以宣传教育为主,但作用不明显,人民获得感不足。有学者把疾病医学模式比喻为是在洪水的下游捞人,是从火海中救人。也就是说,我们现在做的医疗工作、医学研究和医疗器械的研究,主要是研究洪水下游捞人和大火中救人的技术,而不是如何避免人们落入洪水中,如何防止火灾的发生。

未来医学模式应该是以家庭和社区为重心,以健康医学为主。主要任务是对疾病早期和亚健康状态进行诊断和干预,实施有效的疾病预防和健康管理,使人们少生病、不生大病,达到老死而不是病死。医院作为辅助将以“再生”医学(包括组织工程、组织再生、合成生物技术等)为主,主要任务是生病有救,使人们达到不死。

未来医学的主要目标是:惠及民生,改变人们的看病就医方式和健康维护方式,提高人民的健康水平,实现少生病、不生大病,达到老死而不是病死。这是最大的民生问题,也应该是我们生命科学研究的最终目标。

**李迎新**　中国医学科学院生物医学工程研究所教授、常务副所长。中华医学会激光医学分会前任主任委员,中国医学促进会临床工程与健康产业分会副会长,《国际生物医学工程杂志》总编辑。

主要从事激光医学与光健康应用基础研究、设备研制以及重大慢病物联网防控技术的研究,与企业合作将二十多项填补空白和原始创新的研究成果转化为产品,自2012年以来开展了建设医疗器械创新平台和国家卫生与健康管理大数据平台的探索与实践。

# 健康医疗大数据的工程实践

张继武

上海米健信息技术有限公司

## 一、引　　言

谷歌(Google)前首席执行官 Eric Emerson Schmidt 在 2018 年美国医疗信息与管理系统学会(HIMSS)大会上做关于健康大数据的主题报告,指出“Scale Change Rules”。随着数字信号获取能力、数据传输能力、数据存储能力、数据处理能力大幅度提高,大数据的概念开始成为可以操作的现实,也使得人工智能在多年踟蹰之后再度蓬勃发展。

## 二、数据收集:真实世界数据

健康医疗领域收集什么样的数据? 如何建立有效的数据结构? 生物医学信息学是一个比较好的大数据应用领域,这也得益于基因组学等具有的庞大数据量以及其数据结构的规范和确定。而 IBM Watson 前一阵子遭遇的挫折,则说明医学大数据如果面过于狭窄,只能是一个机器学习算法的训练工具,距离真实服务社会还是有一定的挑战性。

有学者用人类的学习过程类比机器学习过程,是有道理的。值得一提的是,人类学习过程中的“样本”是来自真实世界并且综合,因而在不断学习的过程中人类也具备了处理复杂事务的能力。

近期“真实世界数据”(“Real World Data,RWD”)的概念,随着美国《21 世纪治愈法案》的公布而被普遍推广起来。真实世界数据是指观察数据,不同于随机对照试验(RCT),在试验环境中收集的数据。它除了来自典型临床试验以外的其他类型的医疗保健信息,还包括电子健康档案、医疗保险理赔与账单、药品与疾病的登记单以及从个人医疗器械与保健活动中收集来的数据,也包括医师笔记、病人论坛、社交媒体文章和博客、微信等多种来源的数据。

RWD 的庞大规模和复杂性令人望而生畏;现在,由于医疗信息化和计算分析技术手段的进步,使及时建立和处理 RWD 变得容易实现。

因为美国食品药品监督管理局(FDA)的认可,真实世界数据首先在药品研究领域获得了巨大的成功。一是节省了大量的临床试验费用,二是大大提升新药开发的速度,三是 FDA 可以保持对药品使用的安全性和有效性的实时跟踪。

在这个过程中,医疗保健数据通常非常分散且凌乱,数据结构的建立是一切的基础,这需要临床工作者、医学专家、计算机工程技术人员的通力合作,实现结构化收集数据。同时,我们正致力于对于非结构化数据的整理技术(包括自然语言理解,NLP)的研究,能够实现后结构化,可以很好地处理已有数据以及各种收集到的广泛数据。Hadoop 及其相关的大数据技术可以将大量不同的数据集(结构化和非结构化)汇集在一起进行分析。

真实世界数据的成功案例就是罗氏收购的 Flatiron。罗氏在 2018 年 2 月决定出资 20 亿美元收购 Flatiron Health(一家肿瘤研究及癌症治疗领域的医疗大数据技术公司),后者的业务是从多种渠道收集病患的临床记录、医疗笔记、遗传信息、医疗费用信息、基因组等数据,分析整合以帮助肿瘤学家或医生做出更好的临床诊断和选择最佳的治疗方案(图 1)。

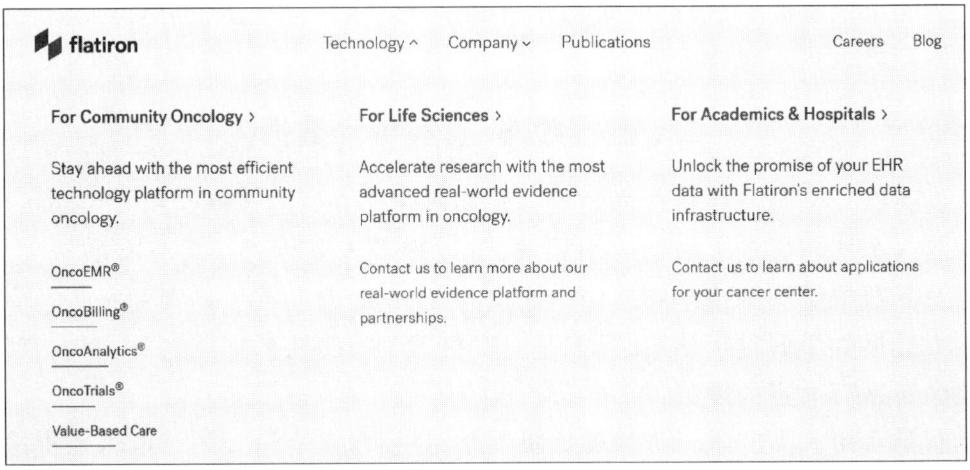

**图 1 Flatiron 官网主页面**

收集真实世界数据,离不开医疗信息系统基本构架,设计数据结构,建立数据中心,建设真实世界数据信息集成平台,应用现代移动技术,一步一个脚印,针对不同病种、不同场景进行数据收集,并且逐步应用到健康卫生实践中去,进行验证和推广,并且借助有效手段进行快速推广。

## 三、基础技术:结构化

结构化数据,即行数据,存储在数据库里,可以用二维表结构来逻辑表达实现的数据;非结构化数据,不方便用数据库二维逻辑表来表现的数据。

结构化数据,简单来说就是数据库。结合到典型场景中更容易理解,比如企业 ERP、财务系统;医疗 HIS 数据库;教育一卡通;政府行政审批;其他核心数据库等。这些应用需要哪些存储方案呢?基本包括高速存储应用需求、数据备份需求、数据共享需求以及数据容灾需求。

非结构化数据,包括视频、音频、图片、图像、文档、文本等形式。具体到典型案例中,诸如医疗影像系统、教育视频点播、视频监控、国土 GIS、设计院、文件服务器(PDM/FTP)、媒体资源管理等具体应用,这些行业对于存储的需求包括数据存储、数据备份以及数据共享等。

半结构化数据,包括邮件、HTML、报表、资源库等,典型场景如邮件系统、WEB 集群、教学资源库、数据挖掘系统、档案系统等。这些应用包括了数据存储、数据备份、数据共享以及数据归档等基本存储需求。

结构化电子病历是指从医学信息学角度,将以自然语言方式录入的医疗文书按照医学术语要求进行结构化分析,并将这些语义结构最终以关系型(面向对象)结构的方式保存到数据库中。

电子病历的结构化录入是对医生诊疗行为的信息化绑架,以自然语言文本形式存在的非结构化数据占有重要地位。由于自然语言文本没有一个相对统一的结构,文档格式没有具体的限制,书写比较随意,因此对非结构化医疗数据的结构化信息提取变得十分困难。另外,真实世界数据包含的个人行为信息、由非医疗机构通过健康物联网产生的健康大数据属于"自由格式"。

因此,把非结构化的卫生健康数据通过如自然语言理解等技术进行结构化表达,在大数据的应用中具有重要的意义,我们称之为后结构化。而电子病历的后结构化,就是将以自然语言方式录入的医疗文书(如病案),按照医学术语的要求进行结构化,并将这些语义结构以关系型结构的方式保存到数据库中(图 2)。

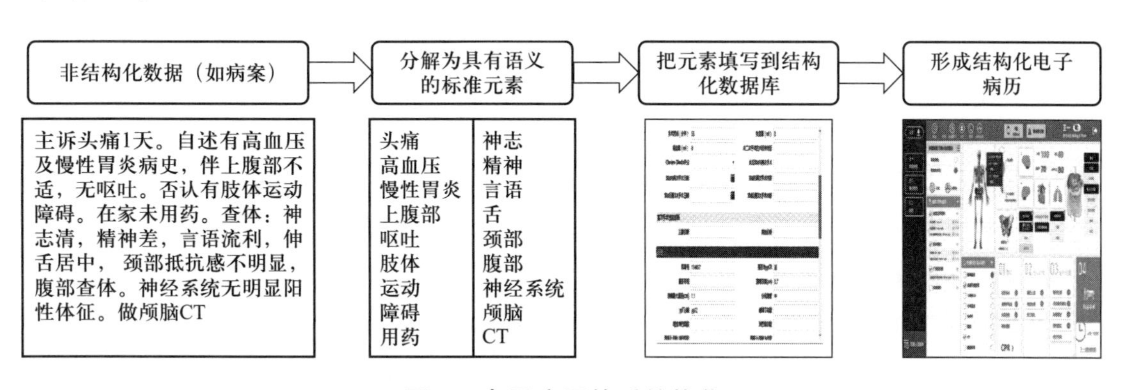


图 2 电子病历的后结构化

## 四、突破点:急危重症可能率先突破

医疗健康大数据的建立是庞大的工程,我们很有必要在广泛布局的同时,选择好的突破点,尝试、应用、验证方式方法,更为重要的是,给大家更多的信心和方法学示范。

急危重症大数据有可能率先在大数据以及人工智能应用方面发生突破。

(1) 数据量大:收集大量临床数据。急危重症科室是各种生命数据采集设备集中的地方,有些病人住进急诊科,各类医疗检测、监测装置有可能都用上了,比如监护仪、呼吸机、心电图机、血气监测、影像学检查、血液尿液检查、血压监测等,同时密集采集;一个重症监护室(ICU)的病人,一天可能有几十万条数据(有些生命参数的采样频率以秒计)。

(2) 数据具有时间轴,时间意义明显。

(3) 数据多样性:如上所述,同时采集各类生命参数,进行检验、检查,覆盖常规临床数据。

(4) 数据相关性强:各类生命参数同时采集,各种参数之间具有很强的相关性,对于进一步的数据分析、挖掘、人工智能研究具有重要价值。

(5) 数据具有一定的完备性。对照健康管理数据采集,一个慢病的数据收集需要很长的时间,数月、数年,才有可能采集到具有足够过程的数据。而在急危重症科,从病人入院到出院,能够在比较短的时间内采集一个完整治疗过程的数据(虽然是一个局部过程)。

(6) 此外,治疗结果对照迅速直接。

因此,大数据的建设有可能率先从急危重症数据实现大的进展。

美国麻省理工学院(MIT)构建的多参数智能重症监护数据库(Multiparameter Intelligent Monitoring in Intensive Care II: MIMIC-II),是一个成功的案例(图3)。该数据库收集了2001—2008年间ICU病人数据,包含临床数据库(clinical database)和生理波形数据库(physiological waveform database)两大部分。其中临床数据库目前已经收集了超过4万例ICU病人的临床信息,包括病人人口统计学特征、检验检查结果、基本体征记录、输液和医疗干预记录、护理记录、影像学检查结果以及出院记录等,每个记录都有详细的时间信息;生理波形数据库记录了高分辨率波形数据如心电、血压、脉搏波以及其他生理参数如呼吸、血氧、中心静脉压等[1]。基于该数据库,临床专家已经在*The Lancet*、*Nature*、*Science*等杂志发表很多重要学术论文。

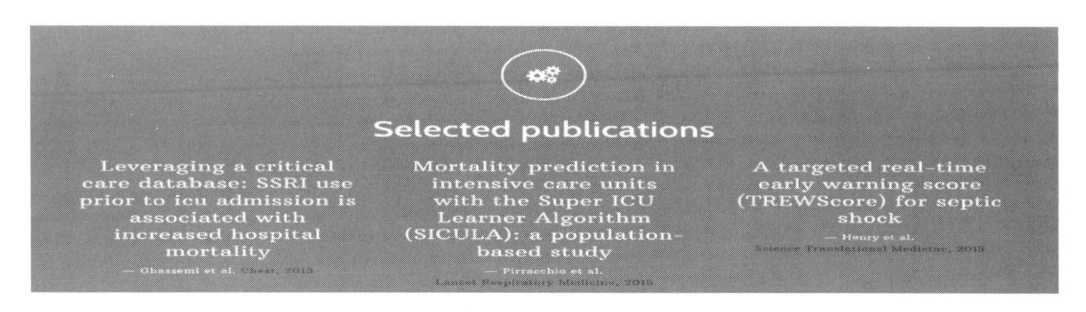


**图 3　美国麻省理工学院多参数智能重症监护数据库(MIMIC)**

## 参 考 文 献

[1] 王剑,张政波,王卫东,等.基于重症监护数据库 MIMIC-Ⅱ的临床数据挖掘研究.中国医疗器械杂志,2014,38(6):402-406.

**张继武**　博士,上海米健信息技术有限公司董事长、首席执行官。上海"千人计划"专家,浦东"百人计划"专家。中国生物医学工程学会数字医疗与医疗信息化分会主任/医学人工智能分会副主任, IEEE EMBS Shanghai Chapter 副主席, IHE 国际委员会委员/IHE 中国发起人/技术委员会主任, ISO TC215 (Health Informatics 技术委员会)专家,中国科学技术协会首席科普专家,中国投资协会项目投融资专业委员会分部主任,上海市科技顾问、创业导师。

# MitralStitch™ 二尖瓣修复系统治疗二尖瓣反流的研究进展

邹孟轩　潘湘斌

中国医学科学院北京协和医学院 国家心血管病中心
阜外医院结构性心脏病中心

## 一、引　言

二尖瓣反流(mitral regurgitation,MR)是最常见的心脏瓣膜疾病之一,其发病率为65岁以上老年人群瓣膜病变发病率之首[1]。二尖瓣反流的发生是由于二尖瓣瓣叶、瓣环、乳头肌、腱索等结构出现的器质性或功能性改变,引起二尖瓣前后叶吻合不良,导致出现二尖瓣反流。经外科手术行瓣膜修复或置换术被认为是该疾病的标准治疗方法,能有效缓解患者的症状及延长患者寿命,但对于功能性MR,特别是缺血性MR患者,效果较差[2]。约50%的重度二尖瓣反流患者因高龄或合并其他系统并发症,外科手术风险过大而放弃外科手术治疗[3-6]。据估测,我国重度二尖瓣反流的患者数量超过1000万,但全国每年二尖瓣外科手术总数仅4万例。此时,经导管介入治疗成为一个有效可期的治疗方案。经导管微创二尖瓣治疗技术将为那些无法得到外科手术治疗的患者,尤其是中重度二尖瓣反流患者并伴有外科手术高危禁忌的患者带来福音。

## 二、现有二尖瓣修复装置研究状况

目前,全球有多种用于治疗二尖瓣反流相关的器械正在研发中,根据其作用机制,可以分为经导管二尖瓣叶修复术、经导管人工腱索置入术及经导管二尖瓣环成形术等几大类。但已经完成临床试验上市并获得欧盟CE(Conformite Europeenne)认证和美国食品药品监督管理局(FDA)认证的产品屈指可数。目前已通过临床认证并大规模应用的二尖瓣修复装置,主要为MitraClip装置(图1)及NeoChord装置(图2)。

### 1. MitraClip 装置

MitraClip装置(经导管二尖瓣夹合术)是基于Alfieri缘对缘修补术原理,最

**图 1 MitraClip 装置示意图**

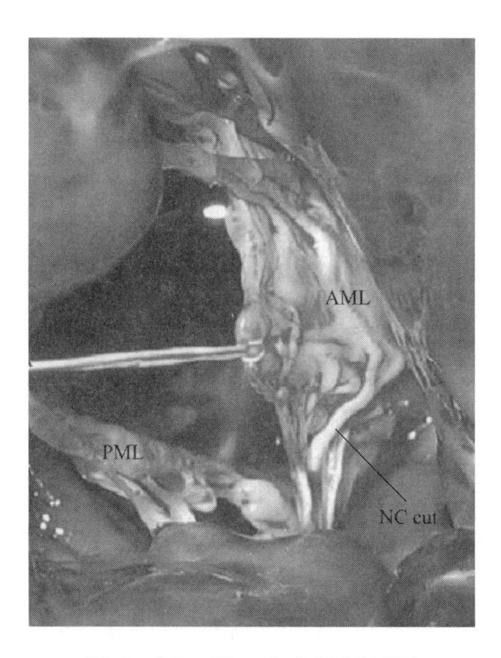


**图 2 NeoChord 术后解剖图**

早研发并应用于临床的微创经导管二尖瓣修复装置。经过 EVEREST I 期及 II 期临床研究证实,经导管二尖瓣夹合术的治疗有效性虽稍劣于外科手术,但是在安全性方面较外科手术更优[3,7]。截至目前,全球已有超过 25 000 例患者完成经导管二尖瓣夹合术介入治疗[8],但国内仅有部分医院掌握该技术完成手术并有个案报道[9]。目前在中国国内市场尚无其可用设备,经导管二尖瓣夹合术仍不能用于临床常规治疗。在欧盟 CE 认证中,MitraClip 装置可应用于器质性二尖瓣反流(DMR)及功能性二尖瓣反流(FMR),在美国 FDA 认证中仅可用于器质性二尖瓣反流。MitraClip 装置在改善二尖瓣反流,尤其在改善高手术风险患者的二尖瓣反流方面,具有安全性高的优点。但同时,由于该方式改变了二尖瓣的解剖结构,形成双孔瓣膜,因而也有引起术后二尖瓣狭窄的可能。且其植入装置较大,存在夹合器脱落栓塞及血栓形成风险[10]。

### 2. NeoChord 装置

NeoChord DS100 系统(经导管人工腱索植入术)由美国 NeoChord 公司于 2013 年研制开发,并于 2014 年完成首例经心尖不停跳经导管人工腱索植入术并个案报道[11]。其原理为经心尖通过导管途径植入聚四氟乙烯(ePTEE)人工腱索,以达到置换断裂的腱索的目的。其适应证主要用于二尖瓣单一区域脱垂引起的二尖瓣反流。在欧盟 CE 认证中,NeoChord DS100 装置仅可应用于器质性二尖瓣反流。应用 NeoChord DS100 系统的多项单中心临床研究结果显示,NeoChord 装置手术成功率及早中期生存率较高,能够减轻二尖瓣反流患者的反流程度[12-14]。但由于其瓣叶锚定为单个锚定点,锚定强度不足,存在术后残余反流发生率较高和二次手术率高等问题[13]。其锚定区域瓣叶抓取较为困难,且锚定区瓣叶发生折叠,引起瓣叶对合面积减少,手术操作难度较大。

## 三、MitralStitch™二尖瓣修复系统

MitralStitch™二尖瓣修复系统是国家心血管病中心联合生产企业研发的新一代二尖瓣修复系统(图 3、图 4)。其最大技术优势在于同一设备既能够实现单纯人工腱索植入术,又可以完成二尖瓣缘对缘(edge to edge)修复术,因此,MitralStitch™二尖瓣修复系统既可以用于治疗器质性二尖瓣反流,又可用于治疗功能性二尖瓣反流。手术采用经心尖入路,由经食道超声心动图(transesophageal echocardiography,TEE)引导下完成,避免了放射线、造影剂及体外循环的使用,减少了手术患者,尤其是高龄手术患者的相关并发症的发生风险。

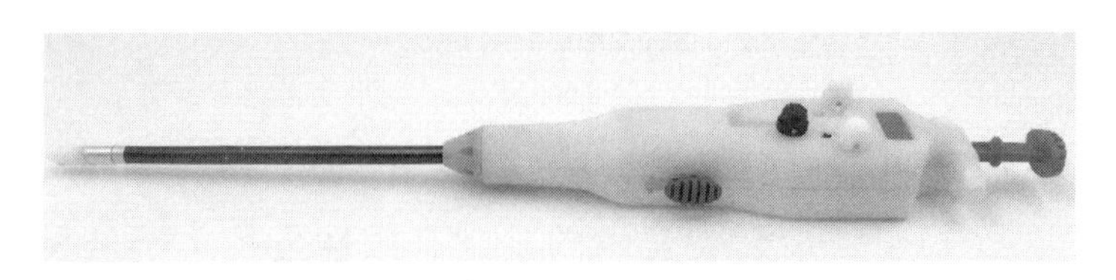

图 3 MitralStitch™输送装置

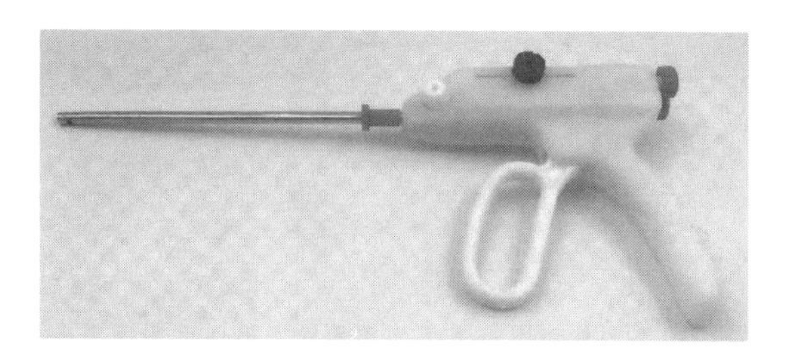

**图 4 MitralStitch™锁结器**

## 1. MitralStitch™二尖瓣修复系统的设计优点

MitralStitch™装置相比于目前国际上已有的同类产品,具有以下设计优势:①MitralStitch™装置顶部具有可伸缩的定位装置(图5),有利于手术过程中确定器械头端位置,而且定位器顶在病变瓣叶的根部,可以限制瓣叶运动,有效提高抓捕瓣叶的成功率,MitralStitch™为前瓣和后瓣分别设计了不同长度的定位器,可以防止过度抓捕瓣叶而将腱索误植在瓣叶体部或根部;②MitralStitch™装置具有瓣叶夹持探测功能,可观测术中瓣叶夹取距离,保证有效瓣叶夹持面积;③MitralStitch™装置的瓣叶锚定装置采用带有垫片的U型缝合线,提供足够的锚定强度,可以有效避免腱索脱落及瓣叶撕裂。

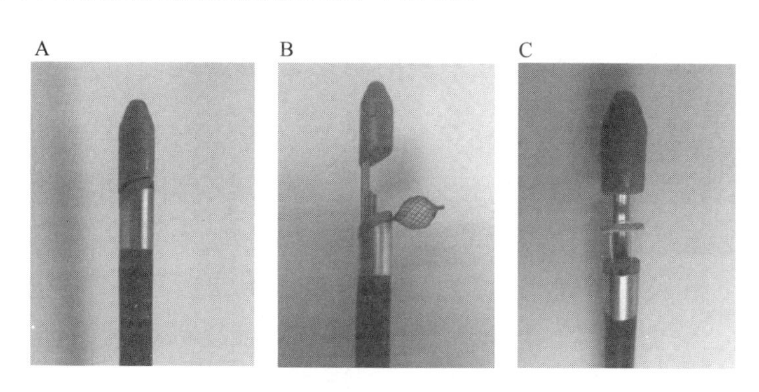


**图 5 MitralStitch™二尖瓣修复系统的设计特点**

A、B:MitralStitch™伸缩定位装置;C:MitralStitch™瓣叶锚定装置

## 2. MitralStitch™二尖瓣修复系统的研究进展

MitralStitch™二尖瓣修复系统的早期临床前研究共纳入22头猪(图6),其中4例用于短期研究(2例缘对缘修复,2例腱索修复),6例术后随访1个月(3例缘对缘修复,3例腱索修复),12例术后随访6个月(6例缘对缘修复,6例腱索修复)。22例动物实验的手术成功率为100%。

A　　B

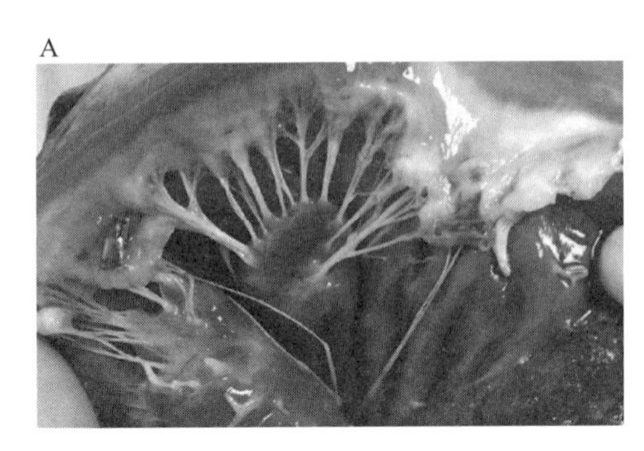
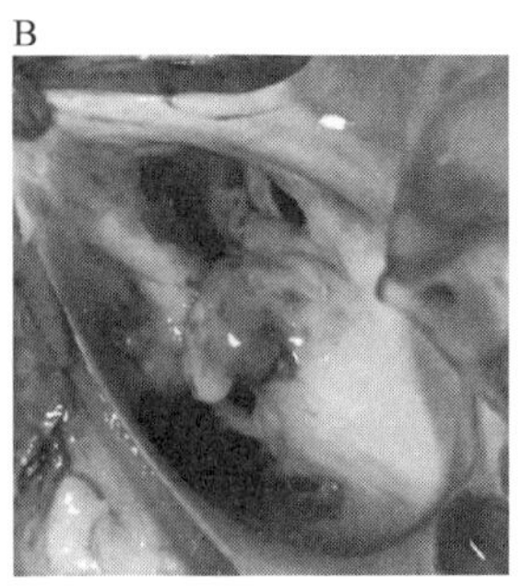

**图 6　MitralStitch™二尖瓣修复系统的早期临床前研究**

A:MitralStitch™装置腱索修复动物实验术后解剖图;B:MitralStitch™装置缘对缘修复动物实验术后解剖图

2018 年,MitralStitch™二尖瓣修复系统的 FIM(first in man)临床研究于中国医学科学院阜外医院与首都医科大学附属北京安贞医院完成,该研究共纳入 10 例重度二尖瓣反流患者,平均年龄 64.10±9.34 岁,其中 4 例患者植入 1 根人工腱索、5 例患者植入 2 根人工腱索、1 例患者行缘对缘修复并植入 1 根人工腱索。术后随访结果,5 例患者二尖瓣反流消失、5 例患者二尖瓣反流转为轻度。该研究证实了 MitralStitch™二尖瓣修复系统的安全性及有效性。

### 3. MitralStitch™二尖瓣修复系统的研究总结

MitralStitch™二尖瓣修复系统采用经心尖入路,使用 2D 或 3D 食道超声引导,可同时满足器质性二尖瓣反流及功能性二尖瓣反流患者的手术治疗需求。对于器质性二尖瓣反流患者,MitralStitch™二尖瓣修复系统可在不改变二尖瓣解剖结构的情况下植入人工腱索,可为后续治疗保留二次手术的其他选择。对于功能性二尖瓣反流患者,MitralStitch™二尖瓣修复系统可通过微创手术方式实现 Alfieri Stitch 双孔手术,且术中二尖瓣缘到缘修复的距离可做调控。研究表明,MitralStitch™二尖瓣修复系统具有较好的安全性及有效性,后续具有乐观的临床应用前景。

## 四、结　　语

对于重度器质性及功能性二尖瓣反流患者,MitralStitch™二尖瓣修复系统弥补了现有治疗装置的缺陷,实现一械多能,能够应对复杂二尖瓣病变的患者。目前 MitralStitch™二尖瓣修复系统用于治疗二尖瓣反流患者的全球多中心临床研究处于启动准备阶段,且预测前景较好。后续以 MitralStitch™二尖瓣修复系统为代表的经导管二尖瓣微创治疗技术在二尖瓣反流患者中的临床应用还将得到进一步改进与成熟，可以预期，该技术将在二尖瓣疾病的治疗领域产生重要影响，并占据重要地位。

## 参考文献

[1] Lung B, Vahanian A. Epidemiology of acquired valvular heart disease. Can J Cardiol, 2014, 30(9): 962-970.

[2] Bonow RO, Carabello BA, Chatterjee K, et al. 2008 focused update incorporated into the ACC/AHA 2006 guidelines for the management of patients with valvular heart disease: a report of the American College of Cardiology/American Heart Association Task Force on Practice Guidelines (Writing Committee to revise the 1998 guidelines for the management of patients with valvular heart disease). Endorsed by the Society of Cardiovascular Anesthesiologists, Society for Cardiovascular Angiography and Interventions, and Society of Thoracic Surgeons. J Am Coll Cardiol, 2008,52(13): e1-142.

[3] Feldman T, Wasserman HS, Herrmann HC, et al. Percutaneous mitral valve repair using the edge-to-edge technique: six-month results of the EVEREST phase I clinical trial. J Am Coll Cardiol, 2005, 46(11): 2134-2140.

[4] Ambler G, Omar RZ, Royston P, et al. Generic, simple risk stratification model for heart valve surgery. Circulation,2005, 112:224-231.

[5] Ling LH, Enriquez-Sarano M, Seward JB, et al. Clinical outcome of mitral regurgitation due to flail leaflet. N Engl J Med, 1996, 335:1417-1423.

[6] Trichon BH, Felker GM, Shaw LK, et al. Relation of frequency and severity of mitral regurgitation to survival among patients with left ventricular systolic dysfunction and heart failure. Am J Cardiol, 2003, 91:538-543.

[7] Mauri L, Foster E, Glower DD, et al. 4-year results of a randomized controlled trial of percutaneous repair versus surgery for mitral regurgitation. J Am Coll Cardiol, 2013, 62(4): 317-328.

[8] Orban M, Braun D, Orban M, et al. Established interventions for mitral valve regurgitation:Current evidence. Herz, 2016, 41 (1): 19-25.

[9] 葛均波，周达新，潘文志，等. 经导管二尖瓣修复术治疗重度二尖瓣反流的初步经验. 中华心血管病杂志，2013，41(2)：99-102.

[10] Mauri L, Carg P, Massmro JM, et al. The EVEREST II trial: design and rationale for a randomized study of the evalve mitraclip system compared with mitral valve surgery for mitral regurgitation. Am Heart J, 2010,160: 23-29.

[11] Colli A, Manzan E, Fabio FZ, et al. TEE-guided transapical beating-heart neochord implantation in mitral regurgitation. JACC Cardiovasc Imaging, 2014, 7(3): 322-323.

[12] Rucinskas K, Janusauskas V, Zakarkaite D, et al. Off-pump transapical implantation of artificial chordae to correct mitral regurgitation: early results of a single-center experi-

ence. J Thorac Cardiovasc Surg, 2014, 147(1): 95-99.

[13] Colli A, Manzan E, Zucchetta F, et al. Transapical off-pump mitral valve repair with Neochord implantation: Early clinical results. Int J Cardiol, 2016, 204: 23-28.

[14] Colli A, Manzan E, Zucchetta F, et al. Feasibility of anterior mitral leaflet flail repair with transapical beating-heart neochord implantation. JACC Cardiovasc Interv, 2014, 7(11): 1320-1321.

**潘湘斌** 国家心血管病中心教授,中国医学科学院阜外医院心外科病房主任,云南省阜外心血管病医院执行院长。同时掌握心脏内外科主要治疗技术的复合型专家,在世界上首创“超声引导经皮介入技术”,实现不开刀、无射线、无造影剂、不全麻治疗心脏病,该技术被推广到全球20多个国家和地区。受聘担任美国胸外科医师学会、美国心脏病学会外籍资深专家。

# 基于去细胞基质的组织工程心脏瓣膜研究进展

乔韡华 史嘉玮 董念国
华中科技大学同济医学院附属协和医院心脏大血管外科

## 一、引 言

心脏瓣膜疾病是一种高发病率及高致死率的疾病,瓣膜置换术是其主要治疗手段。据流行病学调查,瓣膜替代物市场需求巨大,预计2050年全球瓣膜置换量将增长至85万枚/年[1,2]。然而,现阶段临床瓣膜替代物主要为生物瓣和机械瓣,与天然瓣膜结构、功能相距甚远,且存在出血、栓塞、感染和衰败、无法自我修复等问题,严重影响治疗效果[3]。随着组织工程学及再生医学的发展,组织工程心脏瓣膜(tissue engineering heart valve, TEHV)有望解决现有瓣膜替代物的不足,通过联合支架材料、种子细胞和生长因子,构建类似天然瓣膜结构与功能的瓣膜替代物[4]。其中支架材料的选择至关重要,三维支架不仅影响种子细胞的黏附、增殖与分化,还决定着瓣膜的生物力学性能。

去细胞瓣基质是一种优良的TEHV仿生支架,去除原细胞的同时保留了原组织三维结构及细胞外基质(extracellular matrix, ECM)成分,为支架细胞化提供了良好的微环境,较人工合成材料更具潜在优势[4,5]。目前已有基于去细胞基质的瓣膜替代物应用于临床。CryoLife公司应用低渗溶液和酶类的去细胞技术制备了去细胞瓣膜SynerGraft并用于临床[6]。2003年Simon等将SynerGraft去细胞瓣膜用于4例患儿右室流出道重建术,然而3例患儿在1年内因严重瓣膜衰败而死亡,另1例患儿接受了再次手术。尸检表明异种去细胞瓣膜在体内引起了严重的免疫反应,导致瓣膜纤维化且无瓣膜细胞生长[7]。这为去细胞瓣膜的临床应用前景蒙上了一层疑云[8]。近年来随着去细胞基质研究的不断深入,对其认识更加全面。本文就目前基于去细胞基质的TEHV研究进展及面临问题做一综述。

## 二、去细胞基质的成分与功能

猪去细胞瓣基质是构建TEHV的主要来源,其成分主要为胶原蛋白、弹性蛋白和糖胺聚糖[9]。心脏瓣膜分为主动脉面的纤维层、左室面的心室层以及两者间的疏松层,每层的 ECM 成分各有特点以满足心脏瓣膜生物力学性能的要求[10]。纤维层 ECM 主要由周向排列、致密分布、具有高力学强度的胶原纤维构成(主要为Ⅰ型和Ⅲ型胶原蛋白),大体外观呈波浪样皱褶,从瓣叶根部至瓣膜游离缘大致平行排列[11]。该结构能让瓣膜开放时保持柔软并具韧性,且在径向有更大的活动度;瓣膜关闭时,瓣膜上的皱褶往径向伸展,使其扩张并减小应力。疏松层 ECM 主要是松散排列的胶原纤维和大量的糖胺聚糖。糖胺聚糖可吸收大量水分,在瓣膜启闭时可抵抗压力[12]。心室层 ECM 主要由紊乱排列的胶原纤维和径向排列的弹性纤维组成。瓣膜关闭时弹性纤维伸展以增加瓣膜对合面积,瓣膜开放时回弹以减小瓣叶大小[13]。

ECM 不仅为瓣膜提供了复杂的力学性能,还具备优良的生物学性能。去细胞基质植入体内后发生宿主细胞浸润、增殖、定向分化以及 ECM 再生重塑等,均与 ECM 生物学性能相关[14]。ECM 可以多种方式影响细胞功能,细胞通过整合素黏附于 ECM 表面,而不同 ECM 结合整合素可产生不同的信号分子[15,16]。此外,不同硬度的 ECM 可影响干细胞分化为不同表型的细胞[17,18]。研究表明较硬的基质有利于内皮细胞黏附铺展,但基质硬度的显著增高会破坏内皮细胞功能,不同的基质硬度同样影响间质细胞的黏附、迁移和增殖[19-21]。值得注意的是,无论以何种方法对瓣膜进行去细胞处理,均会对 ECM 成分和力学性能造成不同程度的损伤,且损伤程度与去细胞试剂浓度和作用时间相关[22-24]。因此,去细胞处理时应尽可能地降低试剂浓度、缩短时间,以减少对 ECM 损伤。

## 三、去细胞基质的免疫反应

去细胞基质引起的免疫反应是体内瓣膜衰败的主要原因。异种瓣膜植入体内后,受体血液循环内的异种反应天然性抗体识别异种移植抗原(如 Galα1-3Galβ1-4GlcNAc, α-Gal)进而引起补体激活、中性粒细胞浸润、自然杀伤细胞激活等超急性排斥反应。补体系统激活可引起内皮细胞损伤,进而发生血管内凝血、间质水肿、出血等,导致移植物迅速衰败[25-27]。引起异种移植超急性排斥反应最重要的异种抗原是 α-Gal,因此去细胞过程必须去除该异种抗原以避免异种超急性排斥反应。将负责合成 α-Gal 的 α1,3-半乳糖基转移酶基因敲除猪的器官移植给其他动物时,移植物存活时间将会延长,但不久仍会发生免疫排斥反应,这可能与非 α-Gal 猪抗原相关[28,29]。

去除异种组织的细胞成分并不能完全消除免疫排斥反应[30,31]。除了细胞,ECM 蛋白本身亦可引起宿主免疫反应[32]。Ⅳ型胶原蛋白、层粘连蛋白和弹性蛋白均可引起中性粒细胞趋化[33],因此去细胞时也应尽可能将具有促炎作用的

ECM 成分去除。目前去细胞效果的评价主要有 DNA、RNA 和蛋白含量测定，这些检测是必需的但并不足够。DNA 含量的检测仅仅能判断残余细胞核的数量，而不足以评价组织的免疫原性，蛋白含量的减少也并不意味着免疫原性的降低。今后去细胞效果的评价应更重视其对免疫原性的影响。本课题组前期创新性地尝试连续蛋白溶解方法制备仿生的去细胞瓣基质，在有效去除异种移植主要抗原 α-Gal、MHC-Ⅰ的同时，对 ECM 损伤轻，最大限度地保留原组织生物力学性能，减少炎症细胞浸润。该方法为有效减低异种去细胞瓣的免疫原性提供了较好的解决方案[34]。

## 四、去细胞基质的力学性能

去细胞处理后，瓣膜胶原纤维部分断裂，胶原间交联减少，糖胺聚糖、弹性蛋白等成分丢失，导致瓣膜力学性能下降，植入体内常因 ECM 降解过快、发生炎症反应或钙化而衰败[35]。而且去细胞瓣膜表面无内皮细胞覆盖，如将其直接植入血液循环中，裸露的 ECM 可引起血小板黏附、激活和血栓形成等[36,37]。因此改性去细胞瓣基质，提高生物力学性能十分必要。戊二醛广泛应用于生物瓣的制备过程中，其主要作用是稳定胶原蛋白并降低免疫原性[38,39]。戊二醛交联可显著增强去细胞基质力学性能，但会引起支架细胞相容性下降，表现为细胞毒性增强、增殖能力下降，而且残留醛基可引起炎症反应和钙化导致瓣膜衰败[40]。近年很多研究尝试了不同的交联方法，如原花青素、槲皮素和去甲二氢愈创木酸等，交联后的力学性能与戊二醛交联类似，且生物相容性更好[41-43]。此外，本课题组在国内外较早将合成材料与去细胞基质结合制备复合支架，枝化状聚乙二醇交联去细胞瓣并共价键合生物信号，实现支架材料力学改性和生物学改性，获得生物力学性能良好的复合瓣膜[44]。力学性能增强的去细胞基质在植入体内后，如何保持 ECM 再生与支架降解速度一致是今后研究的关键问题。

## 五、去细胞基质的再细胞化

去细胞基质再细胞化尤其是内皮化对减少瓣膜钙化和血栓形成至关重要。去细胞基质通过化学修饰，如包被细胞因子、抗体或聚合物等，可改善瓣膜表面性质，增加细胞黏附、迁移、增殖及分化[45-47]。很多研究通过结合一种或几种蛋白、细胞因子或高分子涂层修饰去细胞基质，为种子细胞黏附生长提供更好的微环境，可部分实现去细胞基质内皮化，但难以获得瓣膜间质的再细胞化[48]。今后研究可将组织工程与再生医学紧密结合，以再生医学的理论来指导 TEHV 构建。本课题组近年来应用不同分子量的聚乙二醇通过迈克尔加成共价结合于巯基化的去细胞瓣膜，获得了亲水性较高、生物相容性较好的复合支架，分别负载转化生长因子、基质细胞衍生因子 1α(SDF-1α)等生长因子,不仅使去细胞瓣膜的力学性能接近天然瓣膜,同时促进细胞黏附、迁移、增殖,形成了较好的再细胞化[49]。

再细胞化的种子细胞可分为成体细胞和干细胞。成体细胞增殖分化能力较弱,不适于较大规模体外种植与培养[50]。干细胞因其来源较为广泛,且具有多项分化潜能,是更为理想的种子细胞,常用的有间充质干细胞(骨髓或脂肪等来源)、胚胎干细胞和诱导多能干细胞(iPSCs)。骨髓间充质干细胞应用较广泛,但全能性较低;全能性最高的胚胎干细胞存在伦理问题;iPSCs 来源于自体成体细胞,易于获取,增殖、分化能力强于成体干细胞,可体外大量扩增,无伦理问题,但对其诱导分化仍面临一系列技术难题[51-53]。

生物反应器可模拟正常生理条件下的血流、压力和控制生物活性分子,促进细胞-细胞、细胞-支架间的相互作用,在体外实现去细胞基质的初步再细胞化[54,55]。在静态条件下,种子细胞分泌 ECM 能力较弱且不能产生弹性纤维。生物反应器可诱导种子细胞取向生长,增强分泌 ECM 能力并促进细胞浸润生长[56,57]。生物反应器在促进体外再细胞化、测试瓣膜生物力学特性等方面有着重要作用,为后续 TEHV 植入体内提供了良好的基础。但目前尚无统一的、标准的生物反应器对生理环境的最优条件进行模拟,包括适宜的压力、流速、往复频率,以及合适的氧浓度、生长因子等。

体外种植的细胞层具有临时屏障作用,可降低去细胞基质的免疫反应,减少血栓形成以及维持移植瓣膜稳定性[58]。然而最新研究发现体外种植内皮细胞与否,在体内均可实现相似程度的内皮细胞覆盖和间质细胞浸润[59]。因此从周围组织或血液循环中招募细胞或祖细胞在体内实现去细胞基质原位再细胞化是研究热点之一。然而,目前并不清楚到底需要何种细胞、什么生物活性分子来实现原位再细胞化,也不知道该过程是否具有时间顺序,更不明白如何来精确调控参与此过程的各种因素。

## 六、展　　望

基于去细胞基质的 TEHV 研究已取得长足进展,部分瓣膜已试用于临床,但实现 TEHV 产品化仍有很多挑战。今后可通过改进去细胞技术以尽可能获得较为完整的 ECM 并降低其免疫原性,增强去细胞基质力学性能及稳定性以实现支架降解与再生同步,发掘、改性其生物学性能以更好地招募、黏附细胞,并促进增殖及分化。我们期待更多研究能突破目前的瓶颈,早日获得能够满足临床需求的 TEHV 产品。

# 参考文献


[1] Rippel RA, Ghanbari H, Seifalian AM. Tissue-engineered heart valve: future of cardiac surgery. World J Surg, 2012,36:1581-1591.

[2] d'Arcy JL, Prendergast BD, Chambers JB,et al. Valvular heart disease: the next cardiac epidemic. Heart,2011,97:91-93.

[3] Namiri M, Ashtiani MK,Mashinchian O, et al. Engineering natural heart valves: possibilities and challenges. J Tissue Eng Regen Med,2017, 11(5): 1675-1683.

[4] Fallahiarezoudar E, Ahmadipourroudposht M, Idris A, et al. A review of application of synthetic scaffold in tissue engineering heart valves. Mater Sci Eng C Mater Biol Appl, 2015,48:556-565.

[5] Moroni F, Mirabella T. Decellularized matrices for cardiovascular tissue engineering. Am J Stem Cells, 2014, 3(1): 1.

[6] Iop L, Gerosa G. Guided tissue regeneration in heart valve replacement: from preclinical research to first-in-human trials. BioMed Res Int, 2015, 2015. http://dx.doi.org/10.1155/2015/432901

[7] Simon P, Kasimir MT, Seebacher G, et al. Early failure of the tissue engineered porcine heart valve SYNERGRAFT® in pediatric patients. Eur J Cardio-Thorac, 2003, 23(6): 1002-1006.

[8] Rüffer A, Purbojo A, Cicha I, et al. Early failure of xenogenous de-cellularised pulmonary valve conduits—a word of caution. Eur J Cardio-Thorac, 2010, 38(1): 78-85.

[9] Knight RL, Wilcox HE, Korossis SA, et al. The use of acellular matrices for the tissue engineering of cardiac valves. Proceedings of the Institution of Mechanical Engineers, Part H: J Eng Med, 2008, 222(1): 129-143.

[10] Chester AH, El-Hamamsy I, Butcher JT, et al. The living aortic valve: From molecules to function. Global Cardiol Sci Prac, 2014, 11: 53-77.

[11] Fomovsky GM, Thomopoulos S, Holmes JW. Contribution of extracellular matrix to the mechanical properties of the heart. J Mol Cell Cardiol, 2010, 48(3): 490-496.

[12] Schoen FJ. Evolving concepts of cardiac valve dynamics: the continuum of development, functional structure, pathobiology, andtissue engineering. Circulation, 2008, 118: 1864-1880.

[13] Schoen FJ. Aortic valve structure-function correlations: role of elastic fibers no longer a stretch of the imagination. J Heart Valve Dis, 1997, 6: 1-6.

[14] Hoshiba T, Lu H, Kawazoe N, et al. Decellularized matrices for tissue engineering. Expert Opin Biol Ther, 2010, 10(12): 1717-1728.

[15] Gu J, Fujibayashi A, Yamada KM, et al. Laminin-10/11 and fibronectin differentially prevent apoptosis induced by serum removal via phosphatidylinositol 3-kinase/Akt- and

MEK1/ERK-dependent pathways. J Biol Chem, 2002, 277: 19922-19928.

[16] Gu J, Sumida Y, Sanzen N, et al. Laminin-10/11 and fibronectin differentially regulate integrin-dependent Rho and Rac activation via p130Cas-CrkII-Dock180 pathway. J Biol Chem, 2001, 276: 27090-27097.

[17] Engler AJ, Sen S, Sweeney HL, et al. Matrix elasticity directs stem cell lineage specification. Cell, 2006, 126: 677-689.

[18] Alcaraz J, Xu R, Mori H, et al. Laminin and biomimetic extracellular elasticity enhance functional differentiation in mammary epithelia. EMBO J, 2008, 27: 2829-2838.

[19] Wells RG. The role of matrix stiffness in regulating cell behavior. Hepatology, 2008, 47(4): 1394-1400.

[20] Otsuka F, Finn AV, Yazdani SK, et al. The importance of theendothelium in atherothrombosis and coronary stenting. Nat Rev Cardiol, 2012, 9(8): 439-453.

[21] Stroka KM, Aranda-Espinoza H. Endothelial cell substrate stiffness influences neutrophil transmigration via myosin light chain kinase-dependent cell contraction. Blood, 2011, 118(6): 1632-1640.

[22] Rieder E, Kasimir MT, Silberhumer G, et al. Decellularization protocols of porcine heart valves differ importantly in efficiency of cell removal and susceptibility of the matrix to recellularization with human vascular cells. J Thorac Cardiovasc Surg, 2004, 127: 399-405.

[23] Grauss RW, Hazekamp MG, Van Vliet S, et al. Decellularization of rat aortic valve allografts reduces leaflet destruction and extracellular matrix remodeling. J Thorac Cardiovasc Surg, 2003, 126(6). DOI:10.1016/S0022-5223(03)00956-5.

[24] Schenke-Layland K, Riemann I, Opitz F, et al. Comparative study of cellular and extracellular matrix composition of native and tissue engineered heart valves. Matrix Biol, 2004, 23:113-125.

[25] Schuurman HJ, Cheng J, Lam T. Pathology of xenograft rejection: a commentary. Xenotransplantation, 2003, 10: 293-299.

[26] Wong ML, Griffiths LG. Immunogenicity in xenogeneic scaffold generation: antigen removal vs. decellularization. Acta Biomater, 2014, 10(5): 1806-1816.

[27] Galvao FH, Soler W, Pompeu E, et al. Immunoglobulin G profile in hyperacute rejection after multivisceral xenotransplantation. Xenotransplantation, 2012, 9: 298-304.

[28] Kuwaki K, Tseng YL, Dor FJ, et al. Heart transplantation in baboons using alpha1,3-galactosyltransferase gene-knockout pigs as donors: initial experience. Nat Med, 2005, 11: 29-31.

[29] Chen G, Qian H, Starzl T, et al. Acute rejection is associated with antibodies to non-Gal antigens in baboons using Gal-knockout pig kidneys. Nat Med, 2005, 11: 1295-1298.

[30] Elkins RC, Lane MM, Capps SB, et al. Humoral immune response to allograft valve tis-

sue pretreated with an antigen reduction process. Semin Thorac Cardiovasc Surg, 2001, 13: 82-86.

[31] Meyer SR, Nagendran J, Desai LS, et al. Decellularization reduces the immune response to aortic valve allografts in the rat. J Thorac Cardiovasc Surg, 2005, 130: 469-476.

[32] Adair-Kirk TL, Senior RM. Fragments of extracellular matrix as mediators of inflammation. Int J Biochem Cell Biol, 2008, 40: 1101-1110.

[33] Senior RM, Hinek A, Griffin GL, et al. Neutrophils show chemotaxis to type IV collagen and its 7S domain and contain a 67 kD type IV collagen binding protein with lectin properties. Am J Respir Cell Mol Biol,1989, 1: 479-487.

[34] Qiao WH, Liu P, Hu D, et al. Sequential hydrophile and lipophile solubilization as an efficient method for decellularization of porcine aortic valve leaflets: structure, mechanical property and biocompatibility study. J Tissue Eng Regen Med, 2017. DOI: 10.1002/term.2388.

[35] Cigliano A, Gandaglia A, Lepedda AJ, et al. Fine structure of glycosaminoglycans from fresh and decellularized porcine cardiac valves and pericardium. Biochem Res Int, 2012. DOI:10.1155/2012/979351.

[36] Kasimir MT, Weigel G, Sharma J, et al. The decellularized porcine heart valve matrix in tissue engineering: platelet adhesion and activation. Thromb Hemost, 2005, 94: 562-567.

[37] Li S, Henry JJD. Nonthrombogenic approaches to cardiovascular bioengineering. Ann Rev Biomed Eng, 2011, 13: 451-475.

[38] Kayed HR, Sizeland KH, Kirby N, et al. Collagen cross linking and fibril alignment in pericardium. RSC Advan, 2015, 5(5): 3611-3618.

[39] Jorge-Herrero E, Garcia Paez JM, Del Castillo-Olivares Ramos JL. Tissue heart valve mineralization: review of calcification mechanisms and strategies for prevention. J Appl Biomater Biomech, 2005, 3(6):67-82.

[40] Cremer PC, Rodriguez LL, Griffin BP, et al. Early bioprosthetic valve failure: mechanistic insights via correlation between echocardiographic and operative findings. J Am Soc Echocardiogr, 2015, 28(10): 1131-1148.

[41] Zhai WY,Lu XQ,Chang J, et al. Quercetin-crosslinked porcine heart valve matrix: Mechanical properties, stability, anticalcification and cytocompatibility. Acta Biomaterialia, 2010, 6(2): 389-395.

[42] Zhai WY,Chang J,Lin KL, et al. Crosslinking of decellularized porcine heart valve matrix by procyanidins. Biomaterials, 2006, 27(19): 3684-3690.

[43] Lu XQ, Zhai WY, Zhou YL, et al. Crosslinking effect of Nordihydroguaiaretic acid (NDGA) on decellularized heart valve scaffold for tissue engineering. J Mater Sci-Mater Med, 2010, 21(2): 473-480.

[44] Hu XJ, Dong NG, Shi JW, et al. Evaluation of a novel tetra-functional branched poly (ethylene glycol) crosslinker for manufacture of crosslinked, decellularized, porcine aortic valve leaflets. J Biomed Mater Res, Part B, Appl Biomater, 2014, 102: 322-336.

[45] Shi JW, Dong NG, Sun ZQ. Immobilization of decellularized valve scaffolds with Arg-Gly-Asp-containing peptide to promote myofibroblast adhesion. Acta Med Univ Sci Technol Huazhong, 2009, 29 (4): 503-507.

[46] Ye XF, Zhao Q, Sun XN, et al. Enhancement of mesenchymal stem cell attachment to decellularized porcine aortic valve scaffold by in vitro coating with antibody against CD90: A preliminary study on antibody-modified tissue-engineered heart valve. Tissue Eng Part A, 2009, 15(1): 1-11.

[47] Theodoridis K, Tudorache I, Calistru A, et al. Successful matrix guided tissue regeneration of decellularized pulmonary heart valve allografts in elderly sheep. Biomaterials, 2015, 52: 221-228.

[48] VeDepo MC, Detamore MS, Hopkins RA, et al. Recellularization of decellularized heart valves: Progress toward the tissue-engineered heart valve. J Tissue Eng, 2017. DOI: 10.1177/2041731417726327.

[49] Zhou J, Hu S, Ding J, et al. Tissue engineering of heart valves: Pegylation of decellularized porcine aortic valve as a scaffold for in vitro recellularization. Biomed Eng Online, 2013, 12: 87.

[50] Schmidt D, Hoerstrup SP. Tissue engineered heart valves based on human cells. Swiss Med Weekly, 2006, 136(39-40): 618-623.

[51] Krishnamoorthy N, Tseng YT, Gajendrarao P, et al. A strategy to enhance secretion of extracellular matrix components by stem cells: relevance to tissue engineering. Tissue Eng Part A, 2018, 24(1-2): 145-156.

[52] Avolio E, Caputo M, Madeddu P. Stem cell therapy and tissue engineering for correction of congenital heart disease. Front Cell Devel Biol, 2015, 3: 39.

[53] Lanuti P, Serafini F, Pierdomenico L, et al. Human mesenchymal stem cells reendothelialize porcine heart valve scaffolds: novel perspectives in heart valve tissue engineering. BioRes Open Access, 2015, 4(1): 288-297.

[54] Gandaglia A, Bagno A, Naso F, et al. Cells, scaffolds and bioreactors for tissue-engineered heart valves: a journey from basic concepts to contemporary developmental innovations. Eur J Cardio-Thorac, 2011, 39(4): 523-531.

[55] Berry JL, Steen JA, Williams JK, et al. Bioreactors for development of tissue engineered heart valves. Ann Biomed Eng, 2010, 38(11): 3272-3279.

[56] Converse GL, Buse EE, Neill KR, et al. Design and efficacy of a single-use bioreactor for heart valve tissue engineering. J Biomed Mater Res, Part B, Appl Biomater, 2017, 105 (2): 249-259.

[57] Nejad SP, Blaser MC, Santerre JP, et al. Biomechanical conditioning of tissue engineered heart valves: Too much of a good thing? Advan Drug Deliv Rev, 2016, 96: 161-175.

[58] Cebotari S, Mertsching H, Kallenbach K, et al. Construction of autologous human heart valves based on an acellular allograft matrix. Circulation, 2002, 106(12 Suppl 1):163-168.

[59] Theodoridis K, Tudorache I, Calistru A, et al. Successful matrix guided tissue regeneration of decellularized pulmonary heart valve allografts in elderly sheep. Biomaterials, 2015, 52: 221-228.

**董念国** 华中科技大学同济医学院附属协和医院心脏大血管外科主任医师、教授、博士生导师。中华医学会胸心血管外科分会副主任委员，中国医师协会心血管外科分会副会长，美国胸外科学会会员。《临床心血管病杂志》《国际心血管病杂志》《中国心血管病研究杂志》、*Innovation* 副主编。坚持临床与科研并重，对婴幼儿复杂先天性心脏病、重症瓣膜病、冠心病和终末期心脏病的外科治疗积累了大量临床经验。主持承担国家级课题 10 余项，累计经费超过 5000 万元。发表论文 291 篇，主编及主审专著 6 部，主译 1 部，总字数超过 500 万。以第一完成人获省部级一等奖 4 项、二等奖 1 项。

# 小口径组织工程血管的研究

谷涌泉

首都医科大学宣武医院 血管外科研究所

伴随着社会进步和人们生活、饮食方式的转变,动脉缺血性疾病的发病率明显增加,并成为全球范围内导致人类死亡的重要原因。国家心血管病中心公布的《中国心血管病报告 2017》显示,2017 年我国心血管疾病患者高达 2.9 亿,是世界上心血管疾病患者人数最多的国家。在我国,每年约有 20 万例患者不适合接受冠状动脉支架手术(主要是复杂病变或者多支病变,需要多个桥血管),而需要进行冠状动脉旁路移植手术,并且这类患者数量以每年 20%的速度递增。同时,下肢缺血性疾病发病率有逐年升高的趋势。近年来血管腔内治疗如支架成形、球囊扩张、斑块切除等方法得到愈来愈广泛的应用,但术后可能会出现支架再闭塞导致缺血加重甚至截肢的现象发生。我国终末期肾病患者人数逐年上升,肾衰竭患者需要长期进行血液透析,建立和维持有机能的血管通路是行血液透析的先决条件。然而我国终末期肾病患者仅有 16%左右获得了救治,且透析产品的核心部分大部分还是依靠进口,价格昂贵。

目前临床多采用自体动、静脉(大隐静脉、乳内动脉、桡动脉等)移植,但仍旧存在着患者自身血管条件较差、来源有限、增加患者手术痛苦、供体部位发病等弊端,因此,在心血管外科领域,长期以来一直在寻找最佳的小口径血管替代品。

组织工程从再生角度为血管修复提供了新的途径。组织工程运用生物医学和材料学、工程科学的原理和方法,模拟目标组织的结构和功能来开发制造出具有生物活性的组织或器官替代物,以维持、替代、修复,甚至提高受累组织的功能,是再生医学的重要手段。

组织工程血管是指利用组织工程学方法,将血管种子细胞“种植”在生物相容性良好的支架材料上,构建从形态到功能都接近活体血管的人工血管。其应具备以下条件:① 模拟体内血管壁三层结构;② 具有高度的生物相容性和稳定性,无毒性,无致癌性,无免疫排斥反应;③ 具有一定的孔径和孔隙率,易于种子细胞种植和迁移,细胞彼此之间相互接触,易于生物信号因子的传递;④ 具备一定的机械性能,如爆破强度、拉伸强度等;⑤ 具有一定的缝合强度;⑥ 不易产生血栓,并对神经和药物刺激具有收缩性和舒张性;⑦ 制备时间短,方便消毒、保存、运输,持久耐用,性价比高。

选择适宜的种子细胞,是构建组织工程血管的第一步。种子细胞的选择应具备以下几个条件:取材方便,创伤小,黏附力强,具有良好的扩增能力,使用安全,无免疫排斥反应或排斥反应较小。目前应用于组织工程血管中的种子细胞包括血管壁细胞和干细胞。其中血管壁细胞包括自体或同种异体的内皮细胞(ECs)、平滑肌细胞(SMCs)、成纤维细胞(Fbs);干细胞包括前体细胞、成体干细胞和胚胎干细胞。

最常用于构建组织工程血管的成体干细胞是骨髓来源的间充质干细胞(BMSCs)。BMSCs 是起源于骨髓中胚层的未分化细胞,具有很强的增殖和分化为 ECs、SMCs、成骨细胞、肌细胞等多种组织细胞的潜能。取材方便,对供体健康无害,分离培养容易,且多次传代表型不会发生改变。而且由于 MSCs 不含有主要组织相容性复合体(MHC)Ⅱ,不存在组织配型和免疫排斥问题,是构建组织工程血管最理想也是应用最广泛的种子细胞。

支架材料为种子细胞的增殖和迁移提供支撑结构,对构建组织工程血管起到了关键的作用。理想的组织工程血管材料应满足以下要求:① 合适的孔径和孔隙率,易于细胞黏附和种植;② 良好的安全性和生物相容性,无毒,无免疫原性,不易形成血栓;③ 与宿主血管相似的力学性能,可耐受血流冲击;④ 具备合适的降解速度,降解物无毒性,可排出体外;⑤ 来源广泛,性能稳定,经济适用,可塑性好,利于保存。

组织工程血管的支架材料包括天然生物材料、可降解的人工合成高分子材料和复合材料。天然生物材料来源于生物体,具有良好的细胞和组织相容性,能为细胞的黏附、增殖和分化提供近似体内血管组织发育的细胞内基质条件。

生物来源血管经过脱细胞处理后,可以有效去除细胞成分和抗原性,保留了正常血管的胞外基质成分(ECM)和完整的支架结构。基质中的一些氨基酸残基序列如 RGD 序列等,可被细胞膜的整合素受体识别,促进细胞的黏附、增殖和分化;胶原纤维和弹力纤维为细胞生长提供支架,维持生物力学性能。

笔者团队在小口径脱细胞组织工程血管方面进行了十余年的研究,经过多次试验筛选出更加合理的脱细胞方案,以猪颈动脉作为天然血管材料,利用物理结合化学的方法成功去除动脉血管壁内的细胞和核酸成分,且胶原纤维、弹力纤维等 ECM 成分保存良好。单轴拉伸试验证实材料的拉伸强度、断裂伸长率、缝合强度和爆破压与新鲜血管相比无显著差异,压汞法测得材料具有合适的孔径分布和孔隙率。动物皮下移植实验证明该脱细胞基质无明显的炎症反应,团队因此获得了一项国家发明专利。随后,研究组将内皮前体细胞种植于该脱细胞基质上,并借助旋转细胞培养系统和血管专用脉动流生物反应器进行体外三维成熟构建,在体外成功制备了组织工程血管样品,将该组织工程血管移植入犬下腔静脉,3 个月后,造影显示血管通畅,取材后切开移植血管发现移植血管内膜面光滑,无血栓形成。

2011 年,笔者团队与广东冠昊生物科技股份有限公司合作研发出一种直径小于6 mm 的小口径生物源性脱细胞组织工程血管,并首次成功用于治疗临床下肢重度缺血患者,术后平均随访 2 年,患肢缺血程度明显改善,组织工程血管保持通畅,无动脉瘤形成,患者成功保肢。但迄今为止只完成三例,样本量非常小,围手术期血管相关药物使用、患者血糖控制等影响因素尚不明确,仍需进一步研究。

综上所述,小口径组织工程血管在心血管疾病、下肢动脉缺血性疾病和血液透析过程中的动静脉造瘘方面具有迫切的临床需求。目前国内小口径组织工程血管的研究尚处于基础研究阶段,相信随着干细胞与组织工程技术的不断发展,在医学、生物学、材料学和工程学等科学家的深入研究和合作下,小口径组织工程血管能早日实现产业化,满足临床上的迫切需求,提高人民健康水平。

**谷涌泉** 医学博士,主任医师,教授,博士生导师。1987 年毕业于第三军医大学(现陆军军医大学)医疗系,1996 年在中国医科大学研究生院学习,1997 年于澳大利亚墨尔本大学奥斯汀医院血管外科学习,2000 年于美国亚利桑那州心血管病医院做访问学者。2007 年获得苏州大学医学博士学位。

现任首都医科大学血管外科研究所所长、首都医科大学宣武医院血管外科主任、国际血管联盟主席、中华医学会组织修复与再生分会副主任委员、中华医学会外科学分会血管外科学组委员、中国医疗保健国际交流促进会糖尿病足病分会主任委员、中国医师协会外科医师分会血管外科医师委员会副主任委员、中华医学会医学工程学分会常委及干细胞工程专业学组组长、首都医科大学下肢动脉硬化闭塞症临床诊疗与研究中心主任、中国医疗保健国际交流促进会血管外科分会副主任委员、首都医科大学血管外科学系副主任。

同时兼任 *Vascular Investigation and Therapy* 杂志主编,《中国血管外科杂志(电子版)》《中华细胞与干细胞杂志(电子版)》《介入放射学杂志》副主编,*Inter-*

*national Angiology*、《中国微创外科杂志》《中华生物医学工程杂志》《中华血管外科杂志》、*Chinese Medical Journal*、《中华老年多器官疾病杂志》《中国糖尿病杂志》《中国修复重建外科杂志》等多本杂志的编委。

承担“十五”“十一五”(主持)和“十二五”国家“863”计划(主持)、北京市科学技术委员会重大专项、国家自然科学基金、北京市自然科学基金、北京市优秀人才基金以及首都医学发展基金等多项科研工作。是北京市卫生系统高层次人才和北京市医管局“登封”人才。目前承担多项国家(作为首席专家承担国家“十三五”科技重点研发计划 1 项)和北京市科学技术委员会等研究课题。拥有科研经费 2000 万元。

作为第一完成人获省部级科技奖一等奖 3 项(中华医学科技奖一等奖、华夏医学科技奖一等奖 2 项)和二等奖 1 项(北京市科技进步奖二等奖),作为第二完成人获省部级科技进步奖一等奖、二等奖、三等奖各 1 项。2018 年荣获第二届国之名医·卓越建树奖。参加专著编写 20 部,并主编 8 部,在国内外发表论文 300 余篇。

# 启明医疗瓣膜产品创新之路

Min Frank Zeng

启明医疗器械股份有限公司,杭州

杭州启明医疗器械股份有限公司(以下简称启明医疗)成立于2009年,位于杭州国家高新技术产业开发区(滨江),致力于心脏瓣膜疾病微创治疗的开发和产业化。公司拥有的经导管人工主动脉瓣膜置换系统Venus A-Valve是首个获得中国食品药品监督管理总局(CFDA)批准上市的经导管心脏瓣膜系统,开创了中国经导管主动脉瓣膜置换(TAVR)的新时代。启明医疗也是第一个开展全球研究的中国瓣膜企业。经导管肺动脉瓣膜Venus P-Valve欧盟(CE)临床研究于2016年9月正式开展,在2018年10月完成入组;美国食品药品监督管理局(FDA)临床研究预计将在2019年正式开展。

启明医疗生产的Venus A-Valve经导管人工主动脉瓣膜置换系统是在国内率先完成CFDA规定的临床研究的经导管主动脉瓣膜产品,拥有完全自主知识产权,于2017年4月25日正式获得CFDA批准,在中国上市。Venus A-Valve经导管人工主动脉瓣膜置换系统是一种自膨式主动脉瓣膜置换装置,与欧美同类产品比较,在设计上更加合理,在操作上更加简便,更加适用于中国患者。2012年9月10日,中国第一例国产经导管主动脉瓣膜Venus A-Valve置换在北京阜外医院手术成功,Venus A-Valve经导管人工主动脉瓣膜置换系统开启了中国经导管瓣膜置换的新时代,成为高端创新医疗器械中国创造的范例。

Venus A注册研究是国内首个5年随访结果报道。全因死亡率与国外同类型器械接近,显示了Venus A-Valve优良的中长期随访结果。5年随访结果显示瓣膜功能良好。

Venus A-Valve产品特点如下:① 猪心包组织瓣膜;② 自膨式镍钛合金支撑架;③ 针对中国患者的优化设计;④ 突破了国外技术对二瓣化患者治疗的禁忌(图1)。

公司研发的干瓣瓣膜系统,使经导管心脏瓣膜植入术(TAVI)手术更加简捷方便。出厂前工厂内预装三叶干膜,环氧乙烷(EO)灭菌,无戊二醛残留, 即拆即用。干燥后的瓣膜内皮细胞脱落,无敏感免疫细胞及组织细胞,可显著降低免疫排斥反应和血栓源性,从而保证了瓣膜长期植入的安全性。干燥的瓣膜制作

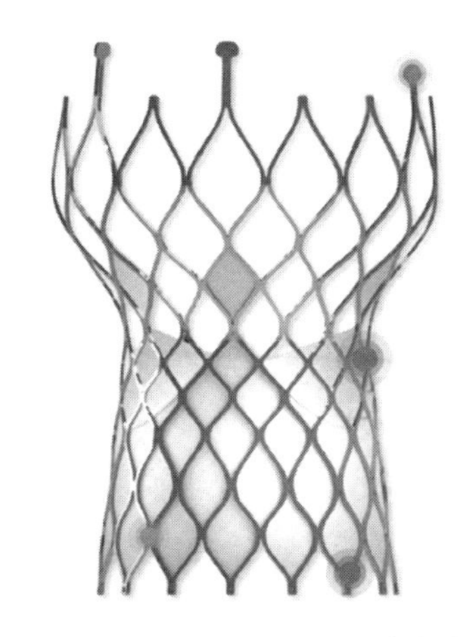

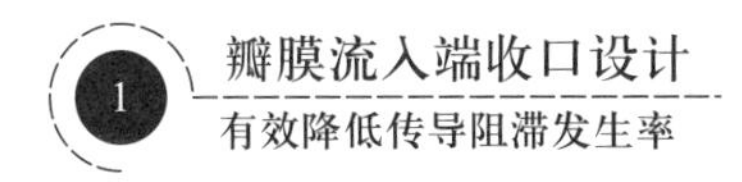

**图 1　国产经导管主动脉瓣膜 Venus A-Valve**

工艺摆脱了目前生物瓣采用戊二醛进行处理时,由于化学物戊二醛残留带来的钙化问题,大大提高了瓣膜的使用寿命,是生物瓣领域的一个里程碑技术。于 2016 年 10 月 26 日及 27 日在南美洲开展了探索性研究(FIM, 全球首次人体植入)并完成 2 例成功植入。术后即刻造影及超声均显示瓣膜工作良好,无周漏、无反流、无位移。2016 年 11 月 6 日于印度成功完成亚洲第一例植入,术后即刻造影及超声均显示瓣膜工作良好。

公司研发的可回收主动脉瓣膜 Venus A-Plus,保留了 Venus A- Valve 瓣膜的优势,同时增加了可回收功能。2017 年 11 月 23 日,中国首例可回收经导管主动脉瓣膜临床应用在浙江大学医学院附属第二医院获得成功,标志着中国介入心脏瓣膜技术迈入可回收时代。

Venus A-Plus 设计特点如下:① 高强度 capsule 保证顺利回收;② 大手柄设计方便操作;③ 快速回撤 Tip 头功能;④ 输送鞘管内两侧加强筋设计,使手柄转动和转弯同步性一致,实现了手柄端和 Tip 端力的 1 : 1 的传递;⑤ 12F 加强管设计,更加适应血管弯曲走形,操作更加顺畅;⑥ 采用特殊耐摩擦材料,减少摩擦,同时固定瓣膜,使回收更加顺滑。

Venus A-Plus 临床优势为:瓣膜回收功能,在瓣膜释放位置不到位时,可进行瓣膜回收,重新进行瓣膜位置调整和释放。

公司研发的 Venus P-Valve 经导管肺动脉瓣膜产品可用于法洛四联症外科纠治术后严重肺动脉反流患者的介入治疗。目前 Venus P-Valve 也已完成中国 CFDA 的注册试验研究,随访结果良好,全球多中心临床研究即将收官,预期将在 2019 年获得中国 CFDA 和欧盟 CE 的批准。2018 年 6 月 Venus P-Valve 在加拿大的首例植入,标志着启明医疗正式进入北美市场,产品预计将在 2019 年正式开展美国 FDA 的临床研究。

Venus P-Valve 产品特点如下:① 猪心包组织瓣膜;② 自膨式镍钛合金支撑架;③ 两侧喇叭口设计。

产品优势如下:① 无需预先植入支架固定;② 全球范围内,肺动脉直径超过 30 mm 患者的唯一选择;③ 强锚定、抗移位性能理想。

在启明医疗不断开拓创新的背后,是一个强强联手的研发与运营团队。由医学专家、瓣膜和心导管研究专家、材料专家共同组成的技术团队,多学科交叉结合,有着丰富的心脏介入器械经验。公司在经导管主动脉瓣膜和肺动脉瓣膜置换领域,相继自主研发出几代产品,突破了相关领域国际上的技术难点。在自主研发的同时,启明医疗通过收购与投资早期的欧美创新技术,初步完成导管瓣膜领域全产品线的布局。

2017 年 6 月 14 日启明医疗全资收购美国瓣膜球囊成形术产品供应商 InterValve 公司。InterValve 公司是一家专注于经导管主动脉瓣膜治疗的公司,公司旗下两款产品:V8 和 TAV8,为世界首款具有解剖形态特征的球囊主动脉成形术导管。2018 年 9 月 25 日启明医疗与 TriGUARD 3™脑保护装置生产商 Keystone Heart 公司达成收购协议。全球收购和投资意味着,启明医疗可在全球进行相关产品的销售,成功跻身美国、欧洲、中东及非洲市场,进一步夯实全球市场布局,彰显中国创新企业在结构性心脏病介入治疗领域的领军实力。

高速发展的启明医疗得到众多国际顶级投资机构青睐,在相继获得启明创投、红杉资本、德诺资本、高盛的投资后,2018 年 5 月 16 日,启明医疗与德弘资本达成新的投资协议,该投资将用于启明医疗加速现有瓣膜产品更新换代及国际化进程,并支持企业将二尖瓣、三尖瓣疾病治疗市场布局的新技术迅速推进临床研究阶段,为企业全面进军国际心脏瓣膜市场打下坚实基础。

启明医疗全系“中国智造”瓣膜产品已经走进全球 20 多个国家和地区,足迹遍及亚洲、欧洲、南美和北美地区,为 2000 余位患者打开心门,使他们重获新生。

在未来一段时间内,启明医疗的瓣膜产品将成为心血管疾病微创介入领域最具创新和典范的产品。启明医疗希望公司不仅作为心脏瓣膜领域的领导者,不断开发新的产品和技术,造福全球患者,更希望启明模式能够为我国创新医疗产业的发展提供有力借鉴。

创新引领未来,启明医疗将继续致力于结构性心脏病医疗器材的研发和市场化,加速中国创新、惠及世界。

专利技术

启明医疗专利申请总量 384 项(发明 349 项,实用新型 34 项,外观 1 项),其中:中国申请总数为 114 项,包括授权 61 项、申请 53 项。

海外申请总数为270项，包括授权135项，申请135项。布局的主要国家和地区包括：中国、美国、欧洲、日本、加拿大、俄罗斯、印度、巴西、韩国、南非等。

生产体系

秉承着对质量和创新的不懈追求，启明医疗于2014年获得BSI公告机构的ISO13485：2003质量体系认证证书，于2016年3月通过CFDA注册质量管理体系现场考核。

Min Frank Zeng　启明医疗器械股份有限公司董事长兼首席技术官。拥有超过20年的医疗设备行业经验，曾被列入2003年美国生物工程名人传记资料库。2011年加入启明医疗。

参与创办先健科技（深圳）有限公司，曾任董事、研发总监；参与创立上海微创医疗器械（集团）有限公司，负责公司管理、产品设计及技术支持；为Endologix，Inc. 技术发明人之一，负责动脉支架系统的研发；曾任C. R. Bard，Inc.（跨国医疗设备开发商、制造商和营销商）项目经理；曾任Sulzer Medical（世界领先的心脏瓣膜产品公司之一）产品设计部经理。

# 静电纺三维多孔纳米纤维支架的制备及组织再生的应用

莫秀梅

东华大学化学化工与生物工程学院

生物材料与组织工程实验室,上海

静电纳米纤维可以仿生组织细胞外基质的纳米丝状结构,促进细胞的增殖,因此被作为各种组织的再生材料广泛研究,然而由传统的静电纺得到的组织工程支架太致密、孔径太小,难以让细胞长入,制约了其作为三维组织再生支架的应用。本实验室对传统的静电纺进行改进或将静电纺纳米纤维进行后处理得到了三维多孔组织工程支架,可以让细胞三维长入,成功地修复了兔子的髌骨软骨、髌骨肌腱和大鼠的腹主动脉。

动态水流静电纺由本实验室推出用于制备多孔纳米纤维支架,此方法是利用两个水盆接收静电纺纳米纤维,上面的水盆底上开一个孔,水流可以流出,于是在水面上形成一个漩涡。纺在水面上的纳米纤维被漩涡捻成纱线并随水流流出,转滚接收后得到多孔纳米纱支架(图1),该支架具有比纳米纤维支架更高的孔隙率和更大的孔径,细胞经培养14天后可以从纳米纱(nanoyarn)支架的一侧

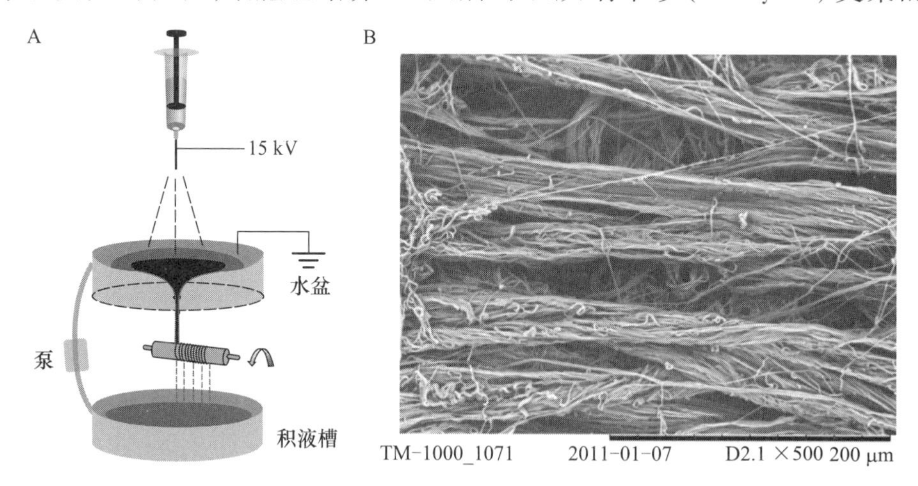


**图1　动态水流静电纺**

A:动态水流静电纺设置;B:收集到的纳米纱支架

长入另一侧，然而在纳米纤维（nanofiber）上细胞只停留在支架的一侧（图 2）。该纳米纱支架载有肌腱干细胞，在体外经过动态培养和静态培养一周后被植入兔子的髌腱缺损部位，成功地再生出肌腱组织，图 3 显示了再生组织染色。

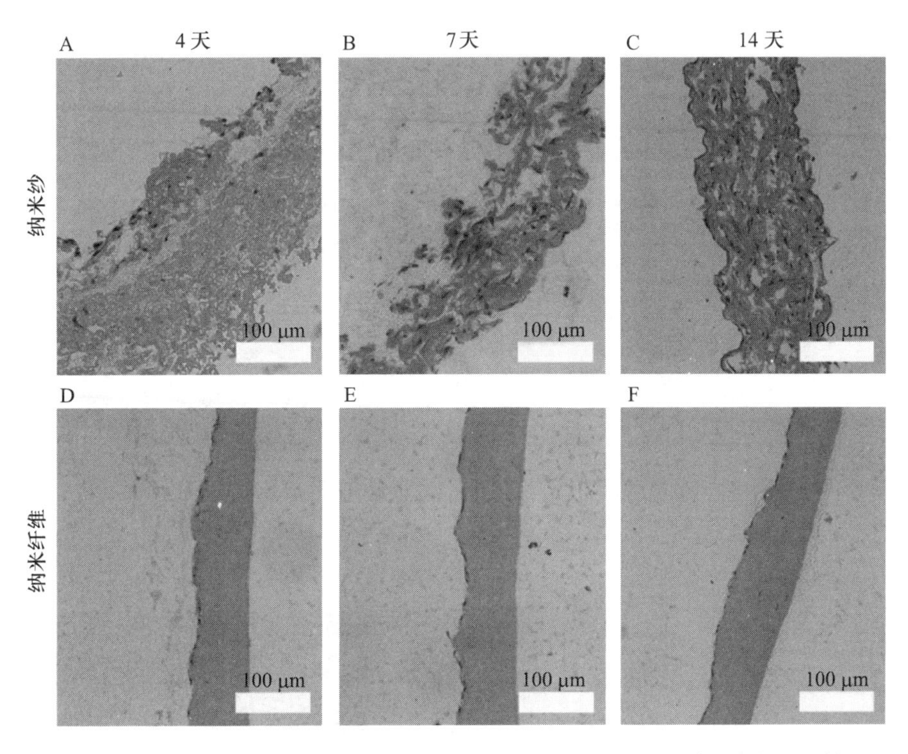


**图 2　细胞在纳米纱上的三维增殖与在纳米纤维上的表面增殖比较**

采用同轴静电纺将肝素和 CD133 纺入胶原-PLCL 纳米纤维中作为血管支架的内层，采用动态水流静电纺制备胶原-PLCL 纳米纱作为血管支架的外层，从而制备出内层抗凝血、外层疏松多孔的双层血管支架（图 4）。肝素和 CD133 可以缓慢从内层纳米纤维中释放出来，持续有效达 45 天，这大大促进了内皮细胞的快速增殖并降低了血小板在支架上的黏附，使血管支架具有抗凝血性。将此支架植入大鼠的腹主动脉 2 个月后再生出血管组织，免疫荧光染色显示内层形成了一层均匀的抗凝血内皮层，外层形成了平滑肌。采用同轴静电纺将肝素和血管内皮生长因子纺入胶原-PLCL 纳米纤维中作为血管支架的内层，采用共轭静电纺制备出含平滑肌生长因子的胶原-PLCL 纳米纱作为血管支架的外层，从而制备出内层抗凝血促内皮化、外层疏松促平滑肌生长的双层血管支架。将此支架植入大鼠的腹主动脉 2 个月后再生出血管组织，内层形成了一层均匀的抗凝血内皮层，外层形成了平滑肌（图 5）。

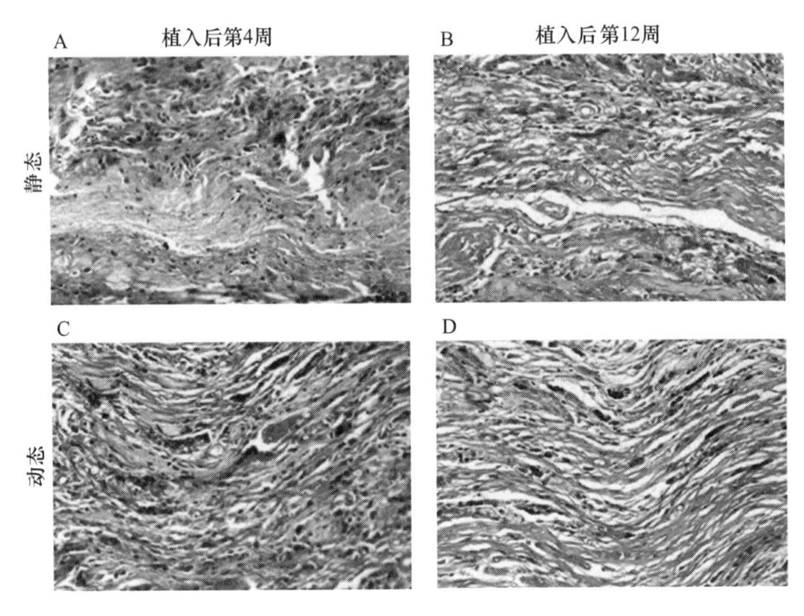


图3 兔髌腱再生组织染色,动态培养显示水波纹结构

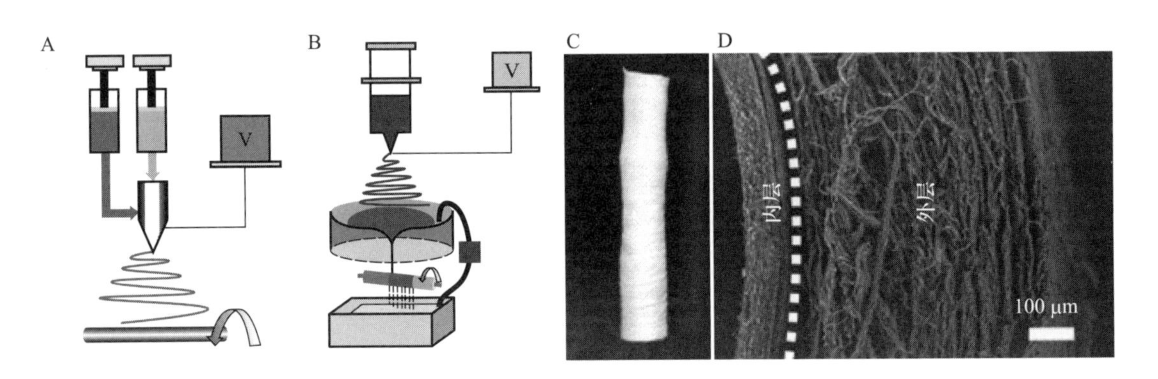


图4 双层血管支架的制备过程

A:同轴静电纺;B:动态水流静电纺;C:纺出双层血管支架;D:具有内层致密结构和外层疏松结构

推出静电纺加冷冻干燥法制备三维多孔支架,先将明胶-PLLA 纺成纳米纤维,然后将纳米纤维膜剪碎,并用匀浆机将纳米纤维分散在叔丁醇中,然后冷冻干燥即可得到三维多孔纳米纤维支架,经加热处理可使该支架形状稳定(图6)。制备的纳米纤维三维多孔支架具有多孔结构和优异的吸水性能,最大吸水率可达1200%。支架在湿态下具有压缩回弹性,将支架压缩到80%形变时,支架仍然可以吸水恢复到自身原状。同时,体外生物相容性实验表明,纳米纤维结构有利于软骨细胞的黏附与增殖,较大的孔径利于细胞的三维长入。该支架被植入兔子的髌骨软骨缺损处,12周后成功地再生出兔子的髌骨软骨。

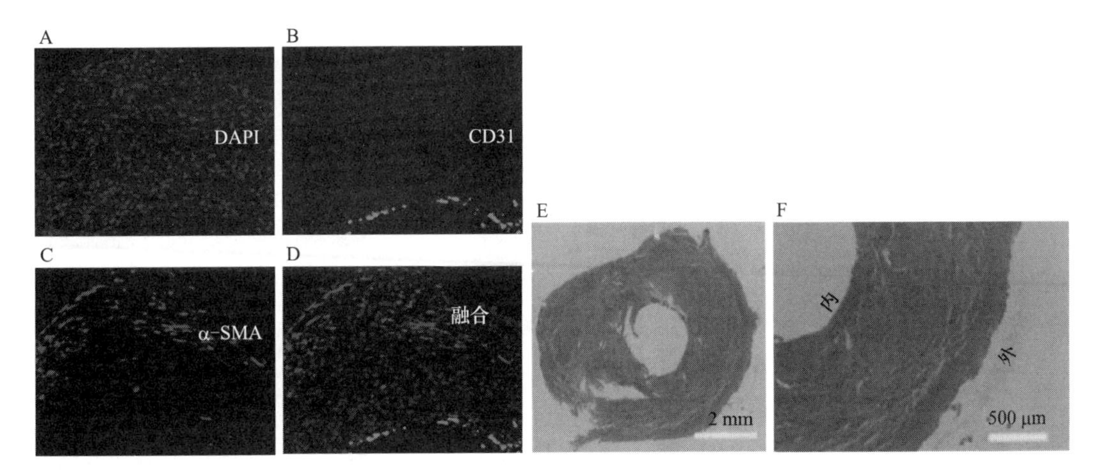


**图 5 再生血管组织染色**

A、B、C、D：免疫荧光染色；E、F：HE 染色

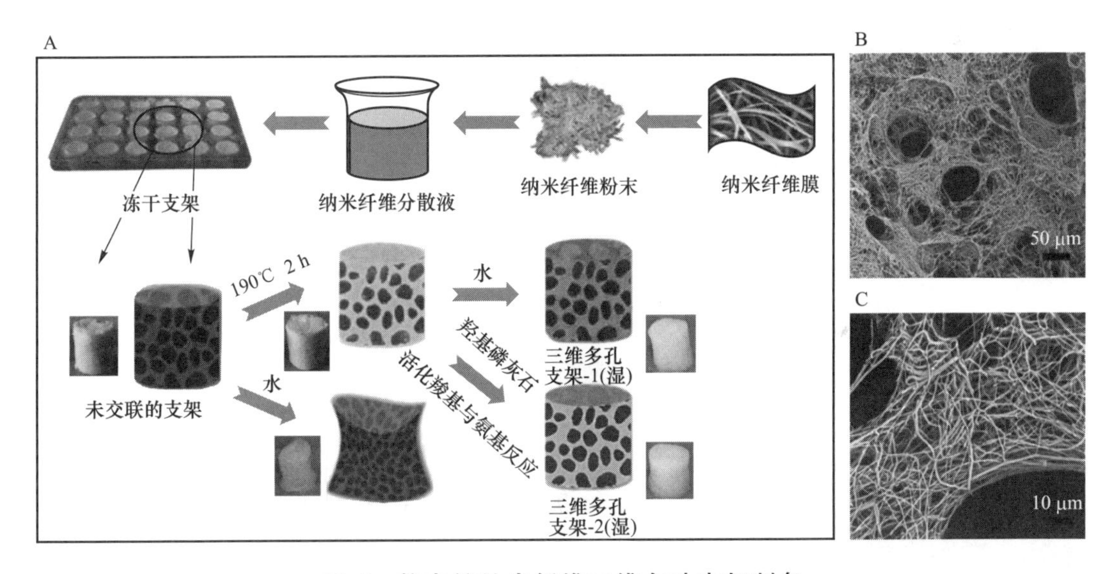


**图 6 静电纺纳米纤维三维多孔支架制备**

A：制备流程；B、C：多孔支架纳米纤维结构

利用静电纺丝、高速匀浆以及冷冻干燥相结合的技术制得 SF-PLCL 三维纳米纤维海绵，并以此为填充芯静电纺出海绵填充型神经导管（图 7）。此神经导管被用于大鼠的坐骨神经修复。与纳米纤维空管相比较，海绵填充型神经导管能使神经功能恢复得更好。

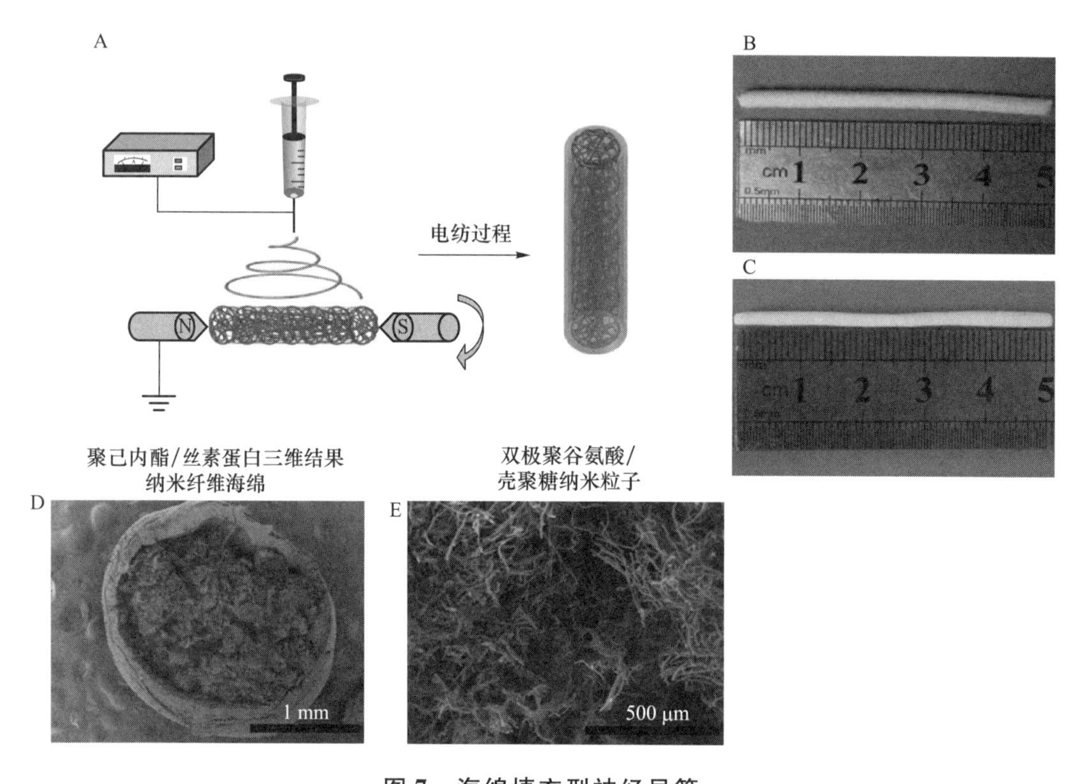


**图 7 海绵填充型神经导管**

A:制备流程;B、C:神经导管照片;D:海绵填充型神经导管电镜照片;
E:纳米纤维神经导管电镜照片

**莫秀梅** 莫秀梅教授博士毕业后即从事生物材料的研究,曾在日本、新加坡、德国学习、工作、研究六年多。2004 年回国后在东华大学建立了生物材料与组织工程研究室。先后申请获得 7 项国家自然科学基金、主持 8 项上海市科委科研项目。曾荣获 2005 年上海市首届浦江人才,2008 年作为首席承接了国家科技部“863”项目。迄今已累计在国际学术期刊发表论文 336 篇,他引次数 5477,H 指数 37。申请专利 87 项,其中 27 项获得授权。在纳米纤维用于血管再生、皮肤再生、神经再生、肌腱再生、软骨和骨再生研究方面取得了许多成果,享有一定知名度,ISI Web of Science 显示她在静电纺丝领域发表的研究论文世界排名第七。研究成果分别荣获上海市技术发明奖一等奖(2008 年)、国家科学技术进步奖二等奖(2009 年)、上海市自然科学奖三等奖

(2015年)。担任中国生物材料学会理事、中国生物材料学会海洋生物材料分会理事、中国生物材料学会复合生物材料分会理事、中国生物医学工程学会生物材料分会理事、上海生物医学工程学会理事、中国复合材料学会超细纤维分会副理事长。

# 后　记

科学技术是第一生产力。纵观历史,人类文明的每一次进步都是由重大科学发现和技术革命所引领和支撑的。进入21世纪,科学技术日益成为经济社会发展的主要驱动力。我们国家的发展必须以科学发展为主题,以加快转变经济发展方式为主线。而实现科学发展、加快转变经济发展方式,最根本的是要依靠科技的力量,最关键的是要大幅提高自主创新能力。党的十八大报告特别强调,科技创新是提高社会生产力和综合国力的重要支撑,必须摆在国家发展全局的核心位置,提出了实施“创新驱动发展战略”。

面对未来发展之重任,中国工程院将进一步加强国家工程科技思想库的建设,充分发挥院士和优秀专家的集体智慧,以前瞻性、战略性、宏观性思维开展学术交流与研讨,为国家战略决策提供科学思想和系统方案,以科学咨询支持科学决策,以科学决策引领科学发展。

中国工程院历来重视对前沿热点问题的研究及其与工程实践应用的结合。自2000年元月,中国工程院创办了中国工程科技论坛,旨在搭建学术性交流平台,组织院士专家就工程科技领域的热点、难点、重点问题聚而论道。十多年来,中国工程科技论坛以灵活多样的组织形式、和谐宽松的学术氛围,打造了一个百花齐放、百家争鸣的学术交流平台,在活跃学术思想、引领学科发展、服务科学决策等方面发挥着积极作用。

中国工程科技论坛已成为中国工程院乃至中国工程科技界的品牌学术活动。中国工程院学术与出版委员会将论坛有关报告汇编成书陆续出版,愿以此为实现美丽中国的永续发展贡献出自己的力量。

中国工程院